职业技能培训鉴定教材

# 形象设计师

(国家职业资格三级)

## 编审委员会

于 晶　朱学东　范冰冰　刘建新　刘纪辉　牟维英　程利国
彭希国　战志恒　徐　玮

## 编写人员

总主编　于 晶
主　编　刘纪辉
副主编　赵舒琪　于 莹
编　者　于 晶　刘纪辉　温 蓝　蒋振刚　赵舒琪　张 弢
　　　　黄甫凌云　于 莹　郑婧怡　梁 玉　侯瑾瑶　杨 柏
　　　　孙心怡　马宇博　吴 琼　路 妍　李月明　李欣桐
　　　　岳楚君　王 莎　陈维娟　吕 晗　马景花　江 骥
　　　　李 丹　彭 川　刘维平　平淑娟　沈睿婷　杨 旻
　　　　范雁冰　王菲菲　林钟桂　徐大朋　阿 亮

中国劳动社会保障出版社

# 图书在版编目（CIP）数据

形象设计师：国家职业资格三级/人力资源和社会保障部教材办公室组织编写．—北京：中国劳动社会保障出版社，2016

职业技能培训鉴定教材

ISBN 978-7-5167-2262-6

Ⅰ.①形… Ⅱ.①人… Ⅲ.①个人–形象–设计–职业技能–鉴定–教材 Ⅳ.①B834.3

中国版本图书馆 CIP 数据核字（2016）第 017115 号

版权专有　侵权必究

如有印装差错，请与本社联系调换：(010) 81211666

我社将与版权执法机关配合，大力打击盗印、销售和使用盗版图书活动，敬请广大读者协助举报，经查实将给予举报者奖励。

举报电话：(010) 64954652

| | |
|---|---|
| 出版发行 | 中国劳动社会保障出版社 |
| 地　　址 | 北京市惠新东街 1 号 |
| 邮政编码 | 100029 |
| 印刷装订 | 北京市白帆印务有限公司 |
| 经　　销 | 新华书店 |

| | |
|---|---|
| 开　　本 | 787 毫米 ×1092 毫米　16 开本 |
| 印　　张 | 18.5 |
| 字　　数 | 311 千字 |
| 版　　次 | 2016 年 3 月第 1 版 |
| 印　　次 | 2023 年 12 月第 8 次印刷 |
| 定　　价 | 48.00 元 |

营销中心电话：400-606-6496

出版社网址：http://www.class.com.cn

# 前 言

为推动形象设计师职业培训和职业技能鉴定工作的开展，在形象设计师从业人员中推行国家职业资格证书制度，人力资源和社会保障部教材办公室组织相关专家编写了形象设计师职业技能培训鉴定教材。

形象设计师职业技能培训鉴定教材紧贴《标准》要求，内容上体现"以职业活动为导向、以职业能力为核心"的指导思想，突出职业资格培训特色；结构上针对形象设计师职业活动领域，按照职业功能模块分级别编写。

形象设计师职业技能培训鉴定教材共包括《形象设计师（基础知识）》《形象设计师（国家职业资格三级）》《形象设计师（国家职业资格二级）》《形象设计师（国家职业资格一级）》4本。《形象设计师（基础知识）》内容涵盖《标准》的"基本要求"，是各级别形象设计师均需掌握的基础知识；其他各级别教程的章对应于《标准》的"职业功能"，节对应于《标准》的"工作内容"，节中阐述的内容对应于《标准》的"能力要求"和"相关知识"。

本书是形象设计师职业技能培训鉴定教材中的一本，适用于对形象设计师（国家职业资格三级）职业资格培训，是国家职业技能鉴定推荐辅导用书。

由于时间仓促，不足之处或错误在所难免，欢迎有关专家和读者提出宝贵意见和建议。

人力资源和社会保障部教材办公室

# 目 录

PAGE 1　第 1 章　分析与定位
　　　　　第 1 节　咨询 ... 2
　　　　　第 2 节　分析 ... 15
　　　　　第 3 节　定位 ... 43

PAGE 57　第 2 章　服装服饰设计与实施
　　　　　第 1 节　设计 ... 58
　　　　　第 2 节　实施 ... 138

PAGE 177　第 3 章　化妆设计与实施
　　　　　第 1 节　设计 ... 178
　　　　　第 2 节　实施 ... 209

PAGE 237　第 4 章　发型设计与实施
　　　　　第 1 节　设计 ... 238
　　　　　第 2 节　实施 ... 272

# 第 1 章
## 分析与定位

- 第 1 节　咨询
- 第 2 节　分析
- 第 3 节　定位

形象设计是依据个人的性格、体形、脸形、肤色等自然要素，参照年龄、角色等特点，借助化妆造型、服饰搭配、仪态指导等技术，使内外完美结合的创造思维和艺术实践活动。因此，对职业、性格、年龄、体形、脸形、肤色等要素的分析及定位非常重要，如果不对这些自身要素进行一定的分析及定位，任何形象设计都会成为空中楼阁、无本之源。

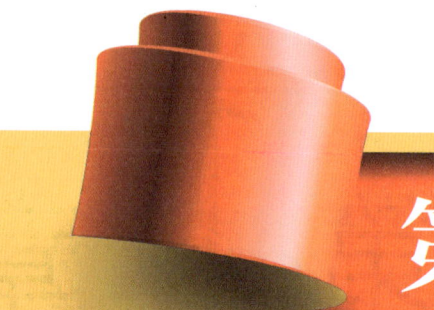

# 第1节 咨询

每一个人的自身要素都有极大的不同，同时每一个人在形象设计方面的需求也有很大的区别。形象设计师最应该掌握的就是如何与客户进行沟通，要想做好沟通应该掌握"五W"，即与谁沟通（Who），为什么要沟通（Why），沟通什么（What），在哪儿沟通（Where），如何沟通（How）的问题。因此，咨询是形象设计工作的开端，做好来访者的咨询工作就会使形象设计有比较好的工作基础。

## 学习单元1
## 预约、接待及介绍

**学习目标**

1. 了解预约、接待的基本流程及要求。
2. 熟悉形象设计的主要内容及主要工作流程与方式。
3. 掌握预约、接待程序。

第1章 分析与定位

形象设计工作大部分是一对一的设计与指导，因此，首先与形象设计对象约定时间，并指派专门的设计顾问为其服务是一项重要的工作程序。其次，要热情地接待形象设计对象，让其感受到"顾客至上"的温暖，同时以标准的良好形象亲身示范。最后，就是设计师要清晰地介绍所服务的项目及所能达到的效果，让设计对象清楚地了解形象设计的内容及服务方向和目标，以便于设计对象调整和确立自己的形象设计需求。

## 知识要求

### 1. 形象设计的主要内容

形象设计是一个综合概念，其目的是要使被设计者内部修养与外在表现完美统一，使各形象要素达到完美的结合与艺术化的提升。它是根据一个人个性、年龄、职业、文化修养、体形、脸形、肤色等自身条件，通过对发型、服饰、化妆、仪态、语言、声音、皮肤肌理、体味等的艺术性修饰，实现审美标准与自身条件同步，或高于自身条件。

一个人的内在修养和外部形象虽是事物的两个方面，但却是不可分割的两部分。内在修养水平一定会通过外表体现出来，而外表修饰也一定能反映或高于一个人的修养水平。人际认知中的刻板印象（他是教师；他是干部；他是工人）就是最好的印证。例如，一个人因为兴趣选择了某一职业，又通过职业训练将职业素养内化成了自己个人修养的一个组成部分，当别人一见到他时，他外表所呈现出来的职业素养一下子就会被别人所认知。一个没有经过审美训练的人在出门前对自己做一些外表的修饰，其形象一定与这个人内在修养水平有直接关系。当然，一个经过审美训练的人可以通过一定的外表修饰，使自己的外表形象符合或暂时超越内在修养水平。而一个经常注重外部形象的人，也会不断促进内在修养的提升。实际上，在人际交往中，人们往往通过外在形象来判断一个人的年龄、性格、爱好、层次、身份、地位等，并相应地决定对待他的态度，这也是我们常说的第一印象的作用。因此，我们需要综合人的内外要素，进行整体的形象设计，这样才会使外表展现出来的形美、神美、气质美（内在美）达到和谐统一，才能充分地展示自己的个性风采，创造一个属于自己的、带有个性特色的个体形象。总之，形象设计的内容包括外部形象和内在修养形象两部分。

形象设计的内容 {
外显要素：发型设计、美容化妆、服饰色彩搭配、服装款式搭配、服饰搭配、行为仪态、得体语言、感染力的语音、个性用香

内涵要素：文化修养、人格魅力、心理健康
}

## 2. 形象设计的主要工作流程及方式

### （1）主要工作流程

1. 咨询并了解设计对象的需求 → 2. 自然要素的分析与定位 → 3. 制定设计方案 → 4. 设计方案的具体实施 → 5. 设计对象的实际应用及反馈 → 6. 调整设计方案，再实施

### （2）工作方式

1）预约客户，通过电话、网络或面见客户与客户沟通，了解客户的需求。因为每一位客户的年龄、职业、个人喜好等都有许多不同，因此，及时了解客户的需求，是形象设计工作的开始。

2）填写客户资料表。客户资料表内容包括：

年龄：以确定形象设计中的着装、发型等细节及整体造型等。

身高：可以确定衣裙的大致长短范畴，这也是判断个人风格的条件之一。

职业身份：人们对于很多职业角色都有形象上的要求，比如教师要求端庄、正式等，而法官则要求严谨、严肃等。

个人喜欢的形象倾向：在形象设计中必须照顾到形象设计对象自己的个人偏爱，在他可接受的范围进行一定的形象设计。

消费习惯：了解设计对象的消费层次，这是为他打造形象的物质基础。

形象设计对象周围的人对其形象的期待：这可以作为形象设计对象客观需求的标准之一。

3）办理交费手续。

4）指定形象设计顾问。形象设计工作是依据客户的自身要素进行的，因此，工作的重点应该是对客户自身要素的测量与定位。而这项工作要由专门的设计顾问来完成。具体内容如下：

测试性格：这是形象设计的基础工作，个人用色、着装、化妆风格、仪态、语言等设计都离不开性格因素作为依据。可以通过性格测试量表得出一个测试结果，而这个结果就可以作为形象设计方案的依据。有经验的设计师也可以根据多年的经验来判断设计对象的性格特征。

测肤色及皮肤色彩定位：这是对被设计者用色规律的基础测试，包括指导染发、化妆、服装、鞋、包、饰品等的用色规律。

第1章 分析与定位

测体形及着装风格定位：测轮廓线、风格衣的试穿等，这是确定个人形象风格的基础。

测头型、测脸形：给出化妆建议及发型建议。

观察形体动作并做记录：这是着装风格及仪态指导的依据。

另外，根据客户需求，可以对其声音进行录音并分析，作为声音形象指导的基础材料；根据客户的需求，可以给出体香建议。

5）综合以上得出的自身要素，着手进行设计方案的制定。在实施设计之前要给客户一份详细的设计报告，以及准备适合他的用色规律色本、配色表、风格图册、化妆手册等资料，预约好陪同购物指导和整理衣橱的时间。

6）设计方案的实施。通过与客户沟通，不断调整方案，最终得到设计对象对其设计报告的认可。设计报告被客户认可后就可以一部分一部分实施了，如教会客户掌握色彩搭配和服饰搭配方法；陪同客户在商场具体认知自己的色彩和风格；指导化妆、发型；修正仪态中的小问题；改正语言与声音的不良习惯等。

7）实施过程中，根据客户反馈，及时调整方案，以便更适合客户需求，达到最佳设计目的。

### 3. 预约、接待的基本流程及要求

形象设计工作在大部分情况下是一对一的服务指导，这是因为需要有专门的形象设计师为一个客人进行专心、周到的服务。因此，预约服务是基本的工作准则。否则，匆忙接待、匆忙服务，是对客户不负责的表现。

预约、接待的基本流程：

### 4. 预约、接待过程中的注意事项

（1）预约服务时间要以客户时间为准，并且预约电话不得占用客户的私人时间。

（2）电话简要说明测试过程，说明色彩测试过程需要素颜、身形测试需净尺寸、大概所需工作时间等。同时，告知客户带一些衣物来可以现场帮助客户辨识其是否适合自己。

（3）预约和接待时要面带微笑，语调温和，多用礼貌用语，细致耐心地为客户讲

解一些疑问，语言清晰肯定。

（4）请客户坐下后，为客户倒饮品（询问客户喜欢的口味），并详细为客户讲解整个做测试和咨询过程的细节。

（5）询问客户的需要，切忌自以为是地卖弄知识，引起客户反感。

（6）工作结束后，要热情地送别客人至门外，目送其走远。

## 预约、接待程序

步骤1：电话与客户约定工作时间。

步骤2：临近约定工作时间，可以再次打电话确认时间及提醒客户。

步骤3：按约定时间到门口迎接，并面带微笑，见到客人后，先称呼，后问候。可帮助客户拿大提包之类的物品，随身皮包或小手包则应避免代劳。

步骤4：以标准的服务礼仪姿态引导客人进入接待区域，为客人拉开椅子让其就座。

步骤5：报出饮品种类，如有白水、茶水、咖啡、可乐等，询问客人的需求，尊重客人选择，为客人奉上饮品。

步骤6：以天气、交通、精神面貌等作为寒暄话题，以打破尴尬，尽快与客人融洽交谈。

步骤7：询问客人来意，了解客人需求。

步骤8：根据客户需求，进行项目介绍。也可以在客人需求之外，做扩展的项目介绍。切记不能贪多，以免引起客户反感。

第1章 分析与定位

# 学习单元2
# 寒暄、填写设计对象信息表

### 学习目标

1. 了解形象设计的条件。
2. 熟悉设计对象信息表的主要内容。
3. 掌握填写客户信息表的工作程序。

### 知识要求

客户如约来到工作室之后，形象设计师应与客户以天气、交通、购物等作为寒暄话题，或以赞美的语句对客人的身材、年龄、精神面貌等作为寒暄的开场白，以拉近与客户之间的关系。然后，做一些简要工作介绍，并让客户填写信息表。

## 1. 形象设计的条件

**（1）工作室**

1）空间设置。安静独立的工作空间，约 30 m²（最小不低于 10 m²），如图 1—1 所示。自然光线充足，至少可以照见半身的镜子（见图 1—2）。桌子，可以用来摆放

图 1—1　约 30 m² 的工作室

图 1—2　工作操作台前应有一面镜子

色布（见图1—3）、化妆品、搭配用丝巾等工具。椅子，供客户就座，做色彩诊断（见图1—4）、进行色彩指导（见图1—5）、化妆验证（见图1—6），并用丝巾做造型演示（见图1—7）。在工作室内，还应准备给客户讲解的图版、图片等。

图1—3　Colour me beautiful 135块全球色彩形象顾问专用色布

图1—4　色彩测试

图1—5　色彩指导

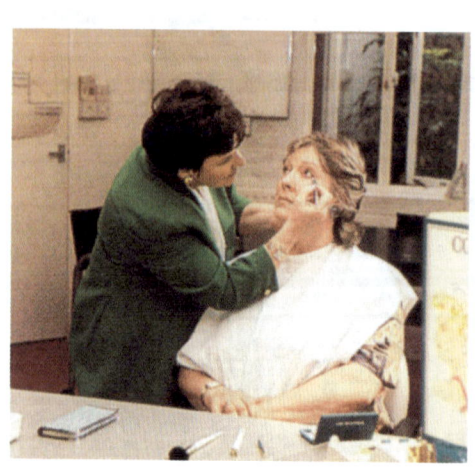

图1—6　化妆

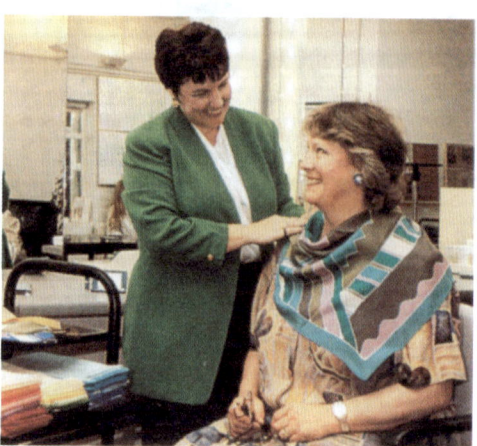

图1—7　用丝巾做造型演示

第1章 分析与定位

2）测试工具

色彩测试工具：专业色布、白围布，小备品（发夹、梳子、化妆工具、化妆棉、棉签、洁面巾等），各种色彩类型的丝巾和领带、配饰等（见图1—8），还有为客人准备的专属色配色本（见图1—9），以及送给客人携带的专属色本（见图1—10），给客人上妆的化妆品（见图1—11）。

风格测试工具：各种风格不同的测试衣、用于现场搭配示范的一些服饰（见图1—12）。

身线测试工具：皮尺、画线笔、大白纸。

图1—8 用于搭配的各种配饰

图1—9 配色用的小色本

图 1—10  Colour me beautiful 全球色彩形象顾问通用 12 色彩类型色本

图 1—11  Colour me beautiful 全球色彩形象顾问专用分色彩类型彩妆

图 1—12  风格标准测试衣

第1章 分析与定位

### （2）服饰设计工作间

如果有充足的资金条件，可以设置一个服饰设计工作间。内设人台、布料小样、服饰样品、一台电脑、案板等（见图1—13）。

## 2. 设计对象信息表的主要内容

客户资料的收集是建立客户档案的重要工作，所以要尽可能比较全面地记载客户信息，如客户的姓名、性别、年龄、身高、联系电话等自然状况；客户的个人形象倾向、平时的喜好、所需的设计项目、消费金额、目测自然特征；色彩、款式风格类型测试结果、咨询指导记录、回访信息等。具体见表1—1。

图1—13 服饰设计工作间

针对客户个人形象倾向，需要了解客人在平时装扮中喜欢和常用的颜色，平时装扮中不喜欢和不常用的颜色，喜欢的着衣风格，不喜欢的着衣风格，等等。

还要了解平时着装的尺寸，平时穿鞋的尺码，愿意接受指导的项目，如色彩类型、风格、身线分析、衣橱整理、服饰搭配指导、购物指导、化妆指导、发型指导，以及记录消费金额等。以上内容需要客户签名确认。

以下内容需要顾问填写并签名：

顾客个人头面部色彩特征：头发、眉毛、眼珠、眼白、脸色、红晕等。

测试结果：色彩类型测试结果、风格类型测试结果。

咨询时间、地点。

回访记录：回访时间、客户意见及建议。

陪同购物情况：时间、地点、品牌、种类、数量、物品特点描述、客户对所购物品当时的反应指导等。

衣橱整理、服饰搭配情况、发型指导、化妆指导（见表1—2）。

顾问签名。

## 3. 设计对象信息表范例

表 1—1　　　　　　　　客户信息资料表

| 姓名 | | 性别 | | 出生日期 | |
|---|---|---|---|---|---|
| 职业(或身份) | | 身高 | | 联系电话 | |
| 通信地址 | | | E—mail | | |
| 平时装扮中喜欢和常用的颜色 | | 客户联络方式 | | | |
| 平时装扮中不喜欢和不常用的颜色 | | 平时着装尺码 | | | |
| 喜欢的着衣风格 | | 平时穿鞋的尺码 | | | |
| 不喜欢的着衣风格 | | 个人头面部色彩特征：(此项由顾问填写) | | | |
| 咨询地点： | | | 咨询时间： | | |
| 接受指导项目： | | | 头发： | 眉毛： | |
| 色彩类型： | 风格类型： | | 眼珠： | 眼白： | |
| 身线分析： | | | 脸色： | 红晕： | |
| 衣橱整理： | 月　日 | 月　日 | 月　日 | 月　日 | 月　日 |
| 服饰搭配指导： | 月　日 | 月　日 | 月　日 | 月　日 | 月　日 |
| 购物指导： | 月　日 | 月　日 | 月　日 | 月　日 | 月　日 |
| 化妆指导： | 月　日 | 月　日 | 月　日 | 发型指导： | 月　日　　月　日 |
| 客人签名： | | | 顾问签名： | | |
| 回访记录（以下由公司填写） | | | | | |
| 回访时间 | 客户意见及建议 | | | | |
| | | | | | |
| | | | | | |
| | | | | | |
| | | | | | |
| | | | | | |

### 表1—2　客户后续服务登记表

| 购物情况 | | | | | | | | |
|---|---|---|---|---|---|---|---|---|
| 日期 | 地点 | 品牌 | 种类 | 数量 | 物品特点描述 | 客户对所购物品当时的反应 | 指导顾问 |
| | | | | | | | |
| | | | | | | | |
| | | | | | | | |
| | | | | | | | |
| | | | | | | | |
| | | | | | | | |
| | | | | | | | |
| | | | | | | | |
| 衣橱整理/服饰搭配情况 | | | | | | | | |
| | | | | | | | | |
| | | | | | | | | |
| | | | | | | | | |
| | | | | | | | | |
| | | | | | | | | |
| | | | | | | | | |
| | | | | | | | | |
| | | | | | | | | |
| 发型指导 | | | | | | | | |
| | | | | | | | | |
| | | | | | | | | |
| | | | | | | | | |
| 化妆指导 | | | | | | | | |
| | | | | | | | | |
| | | | | | | | | |
| | | | | | | | | |
| | | | | | | | | |
| | | | | | | | | |

## 技能要求

### 填写客户信息表的工作程序

步骤1：向客人说明信息记录及档案管理的意义及作用。

步骤2：递上信息表和笔，告知客人应填写的部分，请客人填写。设计师对客人自然色、自然形等进行一定的观察。

步骤3：检查信息表，如客人填写部分有遗漏，请客人再做补充，或由设计师询问后代为填写。

步骤4：设计师填写的部分中有内容需要向客人了解的，设计师应认真询问并仔细填写。

步骤5：检查完毕后，放入相应的工作位置或档案盒中，以便于下次客人再来时可以及时找到。

第1章 分析与定位

# 第 2 节 分析

## 学习单元 1
## 对设计对象的测量及分析

**学习目标**

1. 了解测量工具及人体各测量点。
2. 熟悉人体体形的分类、头形的分类、脸形的分类、肤色的分类、骨架的分类、发质的分类及特点。
3. 掌握人体体形、头形、脸形、肤色、骨架、发质等分析程序。

**知识要求**

### 1. 人体体形的分类及特点

了解体形是形象设计的一个重要步骤。每个人的身形体态各不相同,通过服装、配饰、发型等来进行修饰,达到完美的目的,这是形象设计师重要的工作之一。人体大致来说可以分成以下几种类型:

**(1) X 型体形人**

这种体形俗称沙漏型(见图 1—14),又叫匀称的体形。尤其对女性来说,这是经典的、理想的、标准的体形。匀称是指身体各部分的长短、粗细合乎一定的比例。这种体形容易给人以协调和谐美感。其特征是细腰、上下身平稳,胸与臀几近等宽。故这样的人体曲线很优美,无论穿哪种款的服饰都恰到好处。而对于男性来说,这种体形缺少了一点阳刚之美,却更多了一些温存之感。

**(2) V型体形人**

对于男士来说,V型是标准的体形。对于女性来说,肩部宽、胸部大、过于丰满,会使之显得矮些,使臀部与大腿相形见瘦,上身给人一种沉重感(见图1—15)。所以大多数这种体形的女性都不太满意自己的这种形象,总希望通过着装来改变现状,使自己显得高一些,轻盈一些。

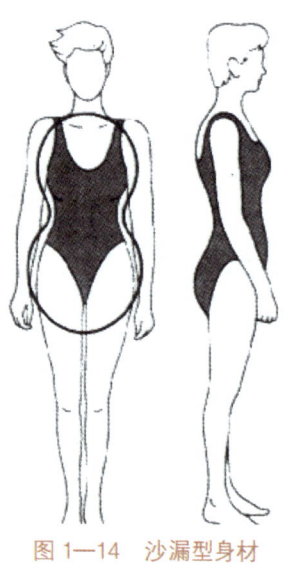
图1—14 沙漏型身材

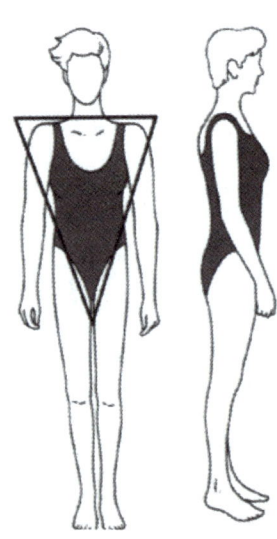
图1—15 V型身材

**(3) A型体形人**

俗称"梨子形"(见图1—16),这种体形绝大部分是女士。一般是小胸或胸部较平或乳部较上,窄肩,腰部较细,有的腹部突出,臀部过于丰满,大腿粗壮,下身重量相对集中,这样在整体上使下部显得沉重。如果发胖,其重量将大部分集中于臀部和大腿(见图1—17)。

**(4) H型体形人**

这种体形特征是上下平直,腰身粗壮,整体上缺少"三围"的曲线变化。男士、女士都有这样的体形(见图1—18)。如果是女性,在服饰搭配上尽可能通过细节强调三围;如果是男士,应尽可能强调肩部。

### （5）O型体形人

O型身材可以说是超重的曲线沙漏型身材（见图1—19）。

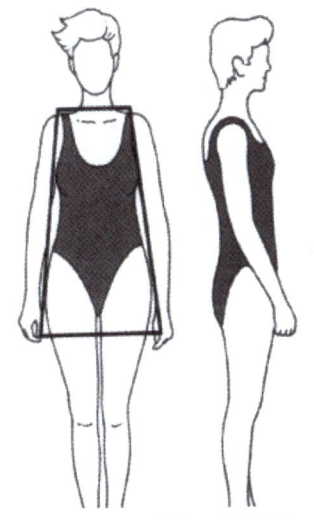

图1—16　直线A型身材

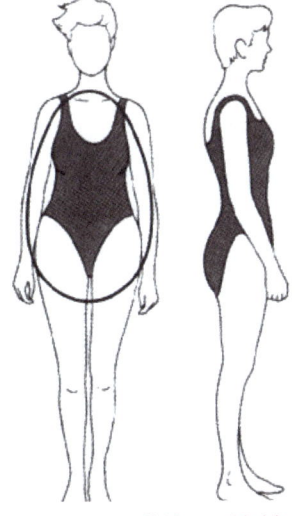

图1—17　曲线A型身材

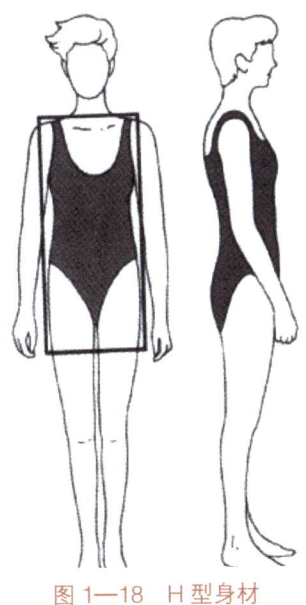

图1—18　H型身材

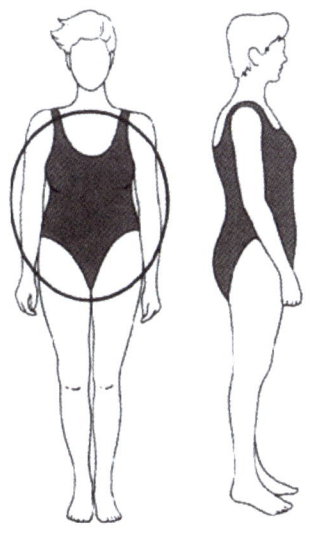

图1—19　O型身材

## 2．测量用品用具介绍

体形的测量需要以下用具：皮尺、直尺、铅笔、记号笔、绘图纸、胶带、剪刀等。

## 3．人体各部位测量点

在进行形象设计时，其中的服饰设计非常重要，而服饰设计的重要一环就是对人体各部位进行准确的测量,以便为服装、服饰设计提供第一手资料。

**(1)人体测量的基准点(见图1—20)**

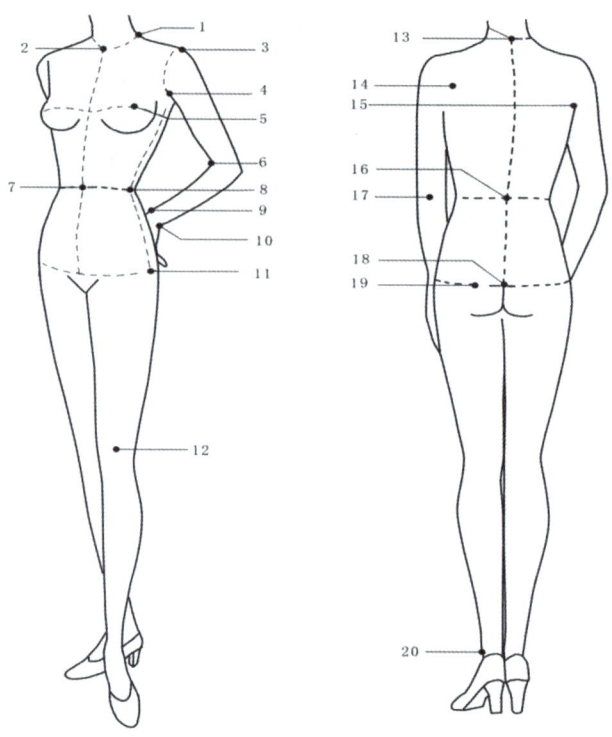

图1—20 人体测量基准点

1)侧颈点:在颈根曲线上,从侧面看,在前后颈厚度中部稍微偏后的位置,是测量服装前衣长的参考点。

2)前颈点:颈根曲线的前中点,前领圈中点,是服装领窝点定位的参考依据。

3)肩端点:处在肩与手臂的转折点处,是人体重要基准点之一。既是测量人体肩宽的基准点,也是测量人体臂长及服装袖长的起始点和服装衣袖缝合的对位点。

4)前腋点:位于胸部与手臂的交界处,当手臂放下时,手臂与胸部在腋下结合处的起点,是测量胸宽的基准点。

5)胸高点:胸部最高的位置,亦即乳头点,是人体重要的基准点之一,是确定胸省省尖的参考点。

6)前肘点:位于人体肘关节的前端,是确定服装前袖弯曲的参考点。

7）前腰中点：位于人体前腰部中点处。

8）侧腰点：前腰与后腰的分界点，是测量裤长或裙长的参考点。

9）前手腕点：位于手腕的前端，是测量服装袖口围度的基准点。

10）后手腕点：位于手腕的后端，是测量人体臂长的终止点。

11）侧臀点：臀围线与体侧线的交点，是前后臀的分界点。

12）髌骨点：位于膝关节的前端中央，是确定大衣及风衣衣长、裙长尺寸的参考点。

13）后颈点：位于第七颈椎处，是测量人体背长的起始点，也是测量服装后衣长的起始点。

14）肩胛点：位于后背肩胛骨最高点处，是确定肩省省尖的参考点。

15）后腋点：位于背部与手臂的交界处，手臂放下时，手臂与背部在腋下结合处的起点，是测量人体背宽的基准点。

16）后腰中点：位于人体后腰中点处。

17）后肘点：位于人体肘关节的后端，是确定服装后袖弯曲及袖肘省省尖方向的参考点。

18）后臀中点：位于人体后臀中点处。

19）臀高点：位于臀部最高处，是确定臀省省尖方向的参考点。

20）踝骨点：位于踝骨外部最高点处，是测量人体腿长的终止点和测量裤长的参考点。

21）头顶点：以正确立姿站立时，头部的最高点，位于人体中心线上方，是测量身高的基准点。

**（2）测量部位**

1）身高：人体立姿时从头顶点垂直向下量至地面的距离。

2）背长：从颈椎点垂直向下量至腰围中央的长度。

3）前腰节长：由侧颈点通过胸高点量至腰围线的距离。

4）颈椎点高：从颈椎点到地面的距离。

5）坐姿颈椎点高：从坐在椅子上，颈椎点垂直量到椅面的距离。

6）乳高点：由侧颈点向下量至胸高点的长度。

7）腰围高：从腰围线中央垂直到地面的距离，是裤长设计的依据。

8）臀高：从腰围线向下量至臀部最丰满处的距离。

9）上裆长：从体后腰围线量至臀高的长度。

10）下裆长：从臀沟向下量至地面的距离。

11）臂长：从肩端点向下量至颈突点的距离。

12）上臂长：从肩端点向下量至肘点的距离。

13）手长：从颈突点向下量至中指指尖的长度。

14）膝长：从腰围线量至膝盖中点的长度。

15）胸围：过胸高点沿胸廓水平量一周的长度。

16）腰围：经过腰部最细处水平围量一周的长度。

17）臀围：在臀部最丰满处水平围量一周的长度。

18）中臀围：腰围与臀围中间位置水平围量一周的长度。

19）头围：通过前额中央、耳上方和后枕骨，在头部水平围量一周的长度。

20）颈根围：通过侧颈点、颈椎点、颈窝点，在人体颈部围量一周的长度。

21）颈中围：通过喉结，在颈中部水平围量一周的长度。

22）乳下围：乳房下端水平围量一周的长度。

23）臂根围：软尺从肩端点穿过腋下围量一周的长度。

24）臂围：上臂最粗处水平围量一周的长度。

25）肘围：经过肘关节水平围量一周的长度。

26）腕围：经过腕关节、颈突点围量一周的长度。

27）掌围：拇指自然向内自然弯曲，通过拇指根部围量一周的长度。

28）胯围：通过胯骨关节，在胯部围量一周的长度。

29）大腿根围：在大腿根部水平围量一周的长度。

30）膝围：软尺过膝盖中点水平围量一周的长度。

31）小腿中围：在小腿最丰满处水平围量一周的长度。

32）小腿下围：踝骨上部最细处水平围量一周的长度。

33）肩宽：从左肩端点通过颈椎点，量至右肩端点的距离。

34）颈幅（小肩宽）：肩端点量至侧颈点的距离。

35）胸宽：从前胸左腋窝水平量至右腋窝点间的距离。

36）乳间距：从左乳头点水平量至右乳头点间的距离。

37）背宽：从后背左腋窝点水平量至右腋窝点间的距离。

**（3）基准线**（见图1—21）

1）颈围线：绕颈部喉结处一周的线条，是测量人体颈围尺寸的基准线，也是服装领口定位的参考线。

2）颈根围线：绕颈根底部一周的线条，是测量人体颈根围尺寸的基准线，也是服装领口线的参考线。

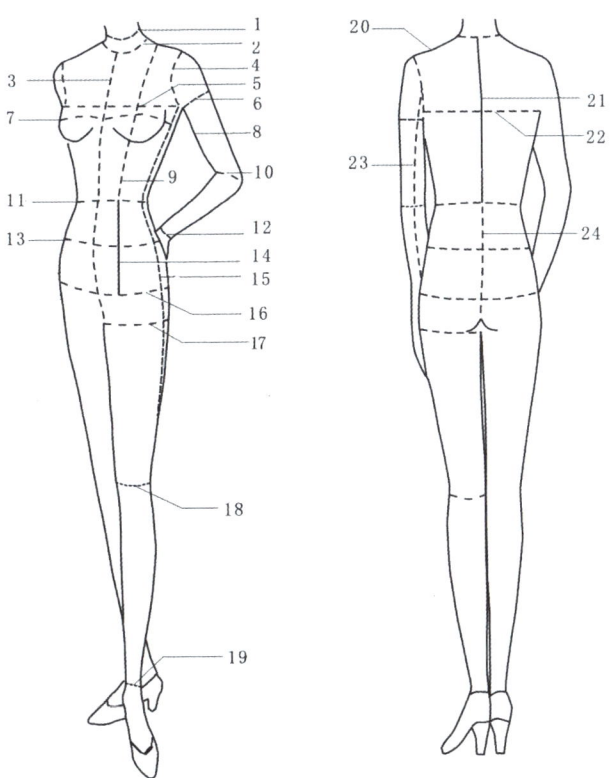

图1—21 人体测量基准线

3）前中线：从前颈点起，经前胸中点、前腰中点的线条，它是服装前片左右衣身的分界线，也是服装前中线定位的参考线。

4）臂根围线：绕手臂根部一周的线条，上经肩点、下经腋下点，是测量人体臂根围长度的基准线，也是服装衣身与衣袖的分界线及服装袖窿线定位的参考线。

5）胸宽线：左右前腋点之间的直线距离。

6）上臂围线：通过腋下点，绕上臂最丰满处一周的线条，是测量人体上臂围尺寸的基准线。

7）胸围线：经胸高点水平绕胸部一周的线条，是测量人体胸围的基准线，也是服装胸围线定位的参考线。

8）前肘弯线：由前腋点经前肘点至前手腕点的手臂前纵向顺直线，是服装前袖弯线定位的参考线。

9）腰节线：从侧颈点开始，经胸高点至腰围线的线条。

10）肘围线：手臂自然下垂时，绕肘关节处一周所得的线条，是测量上臂长度的终止线，也是服装肘线定位的参考线。

11）腰围线：水平绕腰部最细处一周的线条，是测量腰长的基准线，也是服装腰围线定位的参考线。

12）手腕围线：绕前后手腕点一周的围线，是测量人体手腕长度的基准线及臂长的终止线，也是长袖服装袖口位置定位的参考线。

13）腹围线：又称中腰围线或上臀围线，水平绕腰围线和臀围线中间一周所得的线条，是测量人体中臀围长度的基准线，在设计臀部很合体的裤子或裙子时也需要测量这个尺寸。

14）腰长线：从腰围线至臀围线之间的直线距离。

15）体侧线：从腋下点起，经过腰侧点、臀侧点至脚踝点的人体侧面线条。是人体胸、腰、臀和腿部前后的分界线，也是服装前后衣身或裤身、裙身的分界线及服装侧缝位置定位的参考线。

16）臀围线：水平绕臀部最丰满处一周所得的线条，是测量人体臀围尺寸及臀长的基准线，也是服装臀围线定位的参考线。

17）腿跟围线：大腿最丰满处的水平围线，是测量人体腿围尺寸的基准线，也是确定裤子裆深的参考线。

18）膝围线：水平绕膝盖部位一周所得的线条，是测量大腿长度的终止线，也是服装中裆线定位的参考线。

19）踝围线：水平绕踝部一周的线条，是测量踝围尺寸的基准线及腿长尺寸的参考线，也是长裤裤脚位置定位的参考线。

20）小肩线：由肩颈点至肩端点的线条，是人体前后肩的分界线，也是服装肩缝线定位的参考线。

21）背长线：连接后颈点与后腰点之间的直线距离，是原型中背长尺寸确定的依据，也是连衣裙中上下身分界点的参考线。

22）背宽线：在背部连接两个后腋点之间所得的线条。

23）后肘弯线：由后腋点经后肘点至后手腕点的手臂后纵向顺直线，是服装后袖弯线定位的参考线。

24）后中线：由后颈点经后腰中点、后臀中点的后身对称线，是服装后片左右衣身的分界线，也是服装后中线定位的参考线。

**（4）身材标准比例**

1）上、下身比例：以肚脐为界，上下身比例应为 5∶8，符合"黄金分割"定律。肚脐以下部分长度为身高的 61%。

2）胸围：由腋下沿胸部的上方最丰满处测量胸围，应为身高的一半。胸围相当于身高的 53%。胸部最高处的高度略高于身高的 70%（72%）。

3）腰围：在正常情况下，量腰的最细部位。腰围较胸围小 20 cm。腰围相当于身高的 37.5%。

4）髋围：在体前耻骨平行于臀部最大部位。髋围较胸围大 4 cm。臀围相当于身高的 55%。臀部最高处的高度略高于身高的一半（51%）。

5）大腿围：在大腿的最上部位，臀折线下。大腿围较腰围小 10 cm。大腿长度为身高的 28%。

6）小腿围：在小腿最丰满处。小腿围较大腿围小 20 cm。小腿长度为身高的 18%。

7）足颈围：在足颈的最细部位。足颈围较小腿围小 10 cm。

8）上臂围：在肩关节与肘关节之间的中部。上臂围等于大腿围的一半。

9）颈围：在颈的中部最细处。颈围与小腿围相等。

10）肩宽：两肩峰之间的距离。肩宽等于胸围的一半减4 cm。肩宽为身高的23.5%。

### 4. 头型的分类及特点

头型是发型设计的重要依据，发型是头型最好的装饰。同时，头型也是分析自然型特征的依据，更是整体形象设计的主要参考要素。

人们的头型各有差异，头型与发型、头型与服饰配合得是否和谐，是检测发型和服饰搭配的关键因素。发型应充分地表现出人物头型的优点，掩饰其缺点，真正对头型起到装饰作用。服饰的作用是协调头型并且弱化其缺点，只有头型与发型配合得恰到好处，才能展示发型的魅力，表现出丰富、精彩的效果。

**（1）头型的分类及特点**

圆头型：骨骼生长得比较匀称，肌肉丰满，前后、左右造型圆润饱满，轮廓柔和。具有活泼、可爱的印象，缺少秀丽、洒脱之感。

长头型：头型顶部较高，前后及两侧偏窄，脸形相应较长。轮廓线条相对生硬一些，感觉刻板，有时会给人一种不易亲近的感觉。

方头型：头部及脸形均具有棱角感，顶部开阔，两侧较宽，头型轮廓线条方正，缺少活泼、柔和的感觉。

尖头型：头型骨骼上部两侧偏窄，显得不够丰满，缺少立体感。具有单薄、不均衡的效果。

扁头型：额骨不突出，枕骨平坦，从头型侧面看，形成前部、后部偏平、缺少立体感的形象。整体效果显单薄，缺少生动性。

**（2）测量方法与指标**

1）头长的测量

测量部位：眉间点到枕后点之间的距离。

测量方法：受测者取坐姿，身体挺直，头部正直，两眼平视。测量者站在受测者的侧面进行测量。

2）头宽的测量

测量器具：弯角测径规。

测量部位：左右头侧点之间的距离。

测量方法：受测者姿势同上。测量者站在受测者前面进行测量。

3）头长宽指数。头长宽指数＝头宽/头长×100。

4）马丁四分法：

长头型 X~75.4。

中头型 75.5~80.9。

圆头型 81.0~85.4。

超圆头型 85.5~X。

## 5. 脸形的分类及特点

脸形，就是指面部轮廓的形状。脸部是由覆盖在面部骨骼的表面的肌肉形成的外观。脸的上半部是由上颌骨、颧骨、颞骨、额骨和顶骨构成的圆弧形结构，下半部则取决于下颌骨的形态。这些都是影响脸形的重要因素，而颌骨在整个脸形中起着尤其重要的作用，决定了脸形的基础结构。

### （1）脸形的分类方法

1）形态观察法。波契（Boych）通过对脸形的观察将人类的脸形分为十种类型：①椭圆形脸；②卵圆形脸（见图1—22）；③倒卵圆形脸；④圆形脸；⑤方形脸（见图1—23）；⑥长方形脸；⑦菱形脸；⑧梯形脸；⑨倒梯形脸；⑩五角形脸。这种分类法

图1—22　卵圆形脸　　　　　　　　　　图1—23　方形脸

比较简单，读者可以把脸全部露出来拍张正面照，用笔在脸部的上下左右两侧对应地画些记号并将其连接起来，就会得到一张自己的脸形图。

2）字形分类法。这是中国人根据脸形和汉字的相似之处对脸形的一种分类方法，通常将脸形分为八种类型：①田字形脸；②国字形脸；③由字形脸；④用字形脸；⑤目字形脸；⑥甲字形脸；⑦风字形脸；⑧申字形脸。

3）亚洲人分类法。根据亚洲人脸形的特点，一般可以分为八种类型：①三角形脸；②卵圆形脸；③圆形脸；④方形脸；⑤长圆形脸；⑥杏仁形脸；⑦菱形脸；⑧长方形脸。

4）三维图像法。有人提出，人的脸形是一个立体的三维图像，因此也应该从侧面来进行观察，这是以前所忽略的。的确，从侧面对脸形进行考察有助于对容貌进行全面的评价。根据人的正侧面轮廓线，可以将人的脸形分为六种：①下凸形脸；②中凸形脸；③上凸形脸；④直线形脸；⑤中凹形脸；⑥和谐形脸。

5）五官位置法。根据五官的位置，也可以大致把脸形分为六种：①内脸形：五官都朝中间集中，双眼两侧到脸廓的距离长，脸颊面积也较宽大，会让人觉得脸较大。②外脸形：五官都往外跑，感觉五官扁平，不够出色。③上脸形：五官都集中在上半部，脸颊到下巴的距离很长。④下脸形：额头很高很宽，五官都往下半部集中。虽然长相可爱，但会给人有点婴儿肥的感觉，显得孩子气。⑤吊脸形：眉毛、下眼尾、嘴角全部往上吊，所以会给人凶巴巴的感觉，显得有点俗气。⑥垂脸形：眼睛和脸颊都往下掉，下嘴唇很厚，老是给人一脸倦态的感觉，而且看起来也比实际年龄大。

**（2）各种脸形的特点**

尽管脸形种类较多，但以椭圆形为标准脸形，常见的还有圆形脸、长方形脸、倒三角形脸、方形脸、菱形脸、三角形脸等，如图1—24至图1—29所示。

众多脸形之中，椭圆形（瓜子脸）是最美的一种脸形。瓜子脸上部略圆，下部略尖，形似瓜子，一般又称为鹅蛋脸，这是中国美女的标准脸形。理想瓜子脸的长宽比例为34：21。具体常见脸形的特点如下：

1）圆形脸的特点：骨骼不明显，圆润丰满，表现为平静、和气、年轻；但是缺少秀气、俏丽感。脸长与宽基本一致。

2）长方形脸的特点：面部不够丰满，三庭过长，脸的长宽比例大于4：3，表现为不够活泼，且严肃、显年纪，有忧郁感。

第1章 分析与定位

3）倒三角形脸的特点：额的两侧过窄，下额骨宽大，有的人骨骼明显，有的人丰满圆顺。这种脸的缺点是感觉脸部下坠。

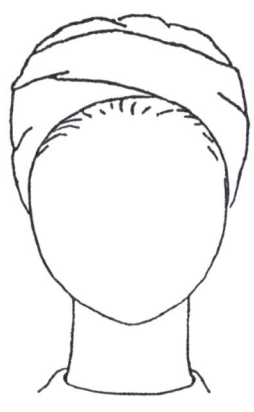
图1—24 圆形脸

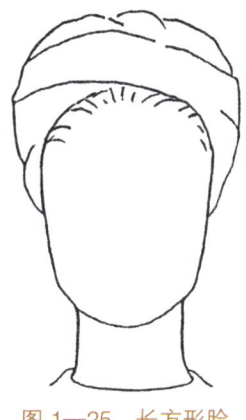
图1—25 长方形脸

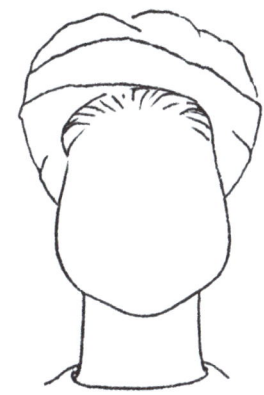
图1—26 倒三角形脸

4）方形脸的特点：上额角与上颌骨较宽，并且棱角分明，面部比较宽大，结构突出，缺少女性的柔美、轻盈之感。

5）三角形脸（心形脸）的特点：上额两侧较宽，下额骨凹陷、下颚较突出、两颊肌肉不够丰满，下颌角内收，下颏突前。给人感觉单薄，缺少柔美之感（见图1—28）。

6）菱形脸的特点：上、下部位显得窄尖，中部宽大，颧骨比较突出，使人有不易接近感。

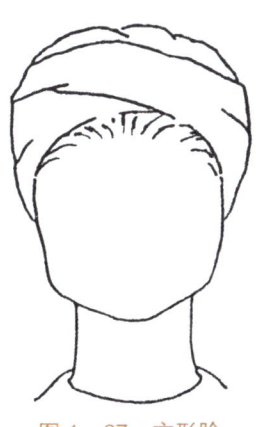
图1—27 方形脸

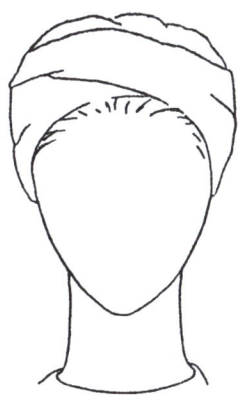
图1—28 三角形脸

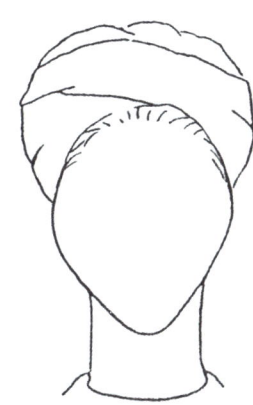
图1—29 菱形脸

## 6. 肤色的分类及特点

### （1）皮肤色彩的分类标准

皮肤自然色特征是由一个人天生的发色、眼睛的颜色和肤色三者之间的关系决定的，这种色彩关系决定了每个人适合或不适合哪些颜色，是个人的用色规律的依据。

皮肤既然有颜色,也就有了色彩的三个属性——明度、纯度、色相。简单来说,俗称皮肤白一些的即为高明度,皮肤黑一些的即为低明度;东方人皮肤有瓷器般质地的即为高纯度,而显得比较薄浅、比较黑的、比较暗的都可以称为低纯度(见图1—30)。皮肤还有一个附属属性——冷暖属性,即以黄色基调为主的为暖色调,以蓝色基调为主的为冷色调(见图1—31)。

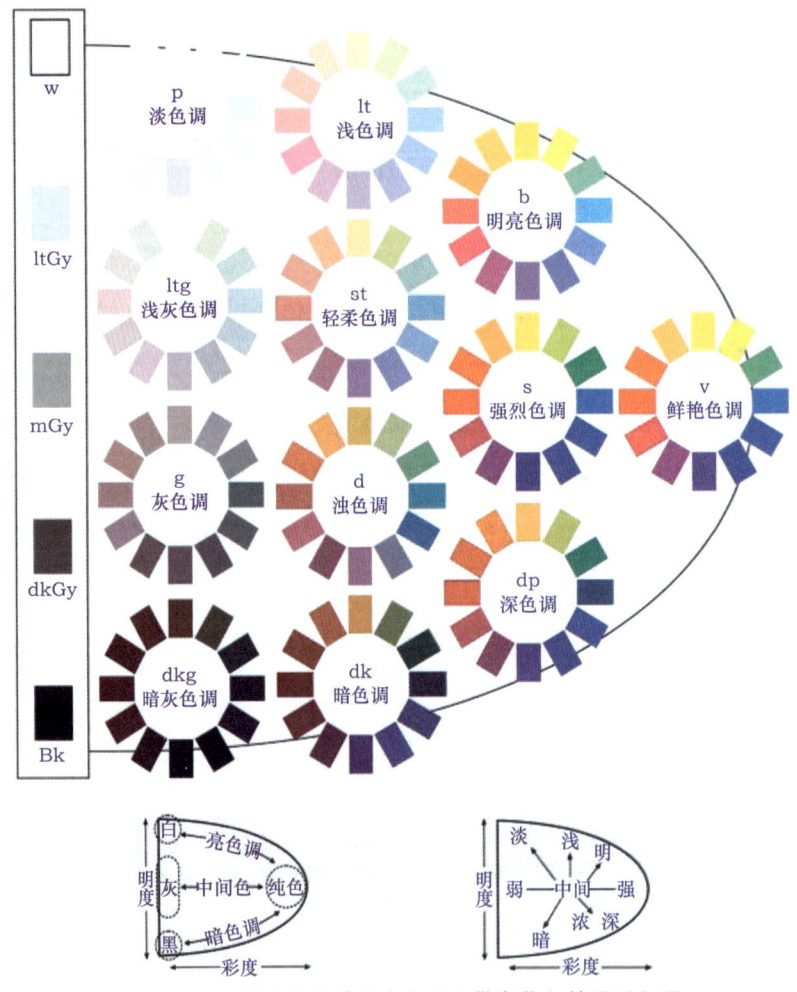

图1—30 带有蓝色基调冷色调和带有黄色基调暖色调

国际色彩机构CMB(Colour Me Beautiful)将人的用色分成了六种色彩关系,即深、浅(明度的差别);净、柔(纯度的差别);冷、暖(色相的附属差别)。这六种特征被称为人的固有色特征。CMB最初的皮肤色彩分类为春、夏、秋、冬,但这样还是不能完全囊括所有的皮

图1—31 色彩的调子

第1章 分析与定位

肤差别。为此，如今将每种固有色特征分成两个方向，这样就形成了 12 种色彩类型，即深暖型、深冷型、浅暖型、浅冷型、冷亮型、冷柔型、暖亮型、暖柔型、净暖型、净冷型、柔暖型、柔冷型。

中国提出了个人色彩规律分析系统 PCA（Personal Color Analysis）。PCA 把人分为冷、暖、轻、重，并在此基础上增加了色调，即明度与纯度的关系。其把皮肤分为标准型和非标准型两大类。标准型人群的色相表现清晰度高，冷暖倾向表现明显，可适用四季理论。非标准型人群的色相表现不清晰，需要根据色调来进行分析。这两类皮肤分别包括八种类型的皮肤色彩，标准型：浅暖对比型、浅冷渐变型、深暖渐变型、深冷对比型；非标准型：浅淡型、柔和型、对比型、华丽型。

无论以什么方式来区别皮肤类型，都离不开明度、纯度、冷暖度这三个大的维度。只要能正确地找出皮肤色彩，就会有适宜的指导，这就是形象设计中色彩要素的最终目的。

**（2）皮肤色彩类型**

下面以国际色彩机构 CMB 的 12 种皮肤类型来识别皮肤色彩。

1）深色型人。以深（明度低）为主要特征，又分为深暖型人与深冷型人两类。深色型人整个头面部呈现一种强烈浓重的色彩特征。

深暖型人脸上隐约能看到暖色的底调。白种人与黄种人的深暖型特征分别如图 1—32 和图 1—33 所示。

深冷型人通常眼神相对要锋利一些，很多有淡青蓝色的眼白；多数脸色青黄、青白，肤色不匀整；嘴周围、鼻唇沟、嘴角斜下方隐隐透出暗青色。从图例上就可以看到白种人（见图 1—34）与黄种人（见图 1—35）的深冷型特征。

2）浅色型人。这是以浅（明度高）为主要特征的，浅色型人分为浅暖型和浅冷型

图 1—32 深暖型白种人

图 1—33 深暖型黄种人

图 1—34 深冷型白种人

图 1—35 深冷型黄种人

两类。浅色型人整个头面部色彩总体来说是轻浅的，缺乏对比，不分明。

浅暖型人的用色虽然明媚，但有许多浅暖型人看上去肤色并不明媚，但其一旦用上浅暖型的颜色，就真的春色满眼（见图1—36、图1—37）。

浅冷型人容易脸红，粉色的面容居多（见图1—38、图1—39）。

图1—36　浅暖型白种人　　图1—37　浅暖型黄种人　　图1—38　浅冷型白种人　　图1—39　浅冷型黄种人

3）冷色型人。这是以冷色调为主要特征的，冷色型人分为冷柔型和冷亮型两类。冷色型人的特征不十分明显，但通常头面部都有一些青冷的底调，有很多冷色型人的脸上有明显的玫瑰调子，玫瑰粉、青白、青黄、青黄褐色的肤色都有。

冷柔型人可能有着柔和的玫瑰色的肤色，脸上有一点灰暗，一般都有乌黑粗重的头发（见图1—40、图1—41）。

冷亮型人的肤色通常都是很黄的，青底调的黄、蜡黄，在冷亮型人脸上，冷色调是以表面的黄色来呈现的，这种黄色不温暖（见图1—42、图1—43）。

图1—40　冷柔型白种人　　图1—41　冷柔型黄种人　　图1—42　冷亮型白种人　　图1—43　冷亮型黄种人

第1章 分析与定位

4）暖色型人。这是以暖色调为主要特征的，暖色型人分为暖亮型和暖柔型两类。暖色型人的头面部尤其是肤色有一层橙色的底调。肤色从极白到很黑的都有，很白的肤色很多隐隐带有鲑肉粉的红晕，眼白有呈泛黄色（但并不绝对，不能以眼白发黄作为唯一的判断标准），发色会呈现一种带棕黄的基调。

暖亮型人的头面部色彩整体看上去明度偏高一些，皮肤白且有鲑肉粉红晕的居多，肤质偏薄，眼睛明亮，眼白也有淡蓝色的（见图1—44、图1—45）。

暖柔型人相对明度低一些，看上去没有那么明媚，肤质偏厚重（见图1—46、图1—47）。

图1—44 暖亮型白种人　　图1—45 暖亮型黄种人　　图1—46 暖柔型白种人　　图1—47 暖柔型黄种人

5）净色型人。这是皮肤纯度比较高的一类人，净色型人分为净暖型和净冷型两类。净色型人有一双夺目的眼睛，不论大小都特别明亮，通常黑白分明，头发、眼睛与皮肤形成很强的色彩对比和反差，整个人的光芒感比较强。

净暖型人的肤色偏暖，有象牙色的基调，纯净（见图1—48、图1—49）。

净冷型人的肤色偏冷，发色也可能更青黑些，其中皮肤极白，头发极黑的一类被称为"白雪公主型"人（见图1—50、图1—51）。

图1—48 净暖型白种人　　图1—49 净暖型黄种人　　图1—50 净冷型白种人　　图1—51 净冷型黄种人

6）柔色型人。这是皮肤纯度较低的一类人，柔色型人分为柔暖型和柔冷型两类。柔色型人的最主要特征就是发色、眼睛、肤色没有形成对比反差，头面部色彩感觉是朦胧的，不分明的，皮肤往往有磨砂玻璃般的感觉，头发不会很黑，带灰黄褐色的调子，眼珠也不会很黑，褐色居多。柔色型人头面部的色彩特征已经很有些白种人的特点，但她们不一定白。

柔暖型人整体偏暖，色斑和面颊两侧往往有橄榄绿的调子（见图1—52、图1—53）。

柔冷型人整体偏冷，玫瑰色的脸庞居多。通常一个人的面容可以用瑰丽来形容，很有可能就是柔色型人（见图1—54、图1—55）。

图1—52 柔暖型白种人　　图1—53 柔暖型黄种人　　图1—54 柔冷型白种人　　图1—55 柔冷型黄种人

### 7. 骨架比例的分类及特点

骨架比例的分析是进行服饰风格定位的一个重要依据。骨架比例有两个维度，一是身材线条（直、曲），二是骨骼大小（量感）。这两个维度是决定一个人穿衣风格的重要条件。

**（1）身材线条（直、曲）**

基本骨架分为直线与曲线，直和曲是确定人穿衣风格最重要的基本原则。通常斜肩、圆腰、翘臀的人是曲线型身材；平肩、扁腰、平臀的人为直线型身材。

**（2）骨骼大小（量感）**

大骨架体形：两个同样身高的人，骨架大的人看起来容易显得比较壮硕，那是因为身体里的骨头大，如肩胛骨、锁骨、肋骨、腕骨、髋骨、膝盖骨等比较大块,也都比较宽。典型特点是:宽肩膀、胸宽大、大手掌、手腕粗、大臀部、脚踝粗、膝关节粗大。

小骨架体形:骨架小的人,因为身体里的骨头都比较小,所以身材看起来就是给人娇小玲珑的感觉,即使身材稍微变胖也不容易被人发现。典型特点是:窄肩膀、胸宽小、手腕细、脚踝细、臀型窄、四肢细瘦。

骨骼的大小测试有三个方法:

1)手指测量方式:用右手大拇指和中指圈住左手手腕,测量手腕上骨头突出处的上方,即手腕处折痕最明显的位置。这种测量法会因为胖瘦受到一定的影响。

大骨架=大拇指和中指无法碰在一起

中骨架=大拇指和中指刚好碰在一起

小骨架=大拇指和中指相迭超过一个指甲的宽度

2)皮尺测量法

测量原则:骨架大小的辨别值=R;R=身高/手腕围;R值越小,骨架越大。

手腕围的量法:准备一条皮尺,测量手腕突出的骨头上方,用皮尺绕一圈就可以精确地测量出手腕围。

R值解析:

女性:R值小于9.9为大骨架,9.9~10.9属于中骨架,大于10.9为小骨架。

男性:R值小于9.6为大骨架,9.6~10.4属于中骨架,大于10.4为小骨架。

3)以体重50 kg为例来计算

大骨架的骨头重:50×1/5 = 10(kg);

小骨架的骨头重:50×1/10 = 5(kg);

大小骨架体重最大的差距:10 − 5 = 5(kg)。

骨架大小不同,标准体重也会有所调整,小骨架的标准体重需向下修正3%~5%,大骨架的标准体重需向上修正5%~7%。

**(3)两个维度中的人的不同感觉**

如图1—56所示,不同的线条与骨骼大小会给人带来不同的感受。

| 直线 | 大骨骼 | | 曲线 |
|---|---|---|---|
| | 正统的、高贵的、雄壮的、大气的、威严的、另类的 | 迷人的、柔软的、优美的、热情的、华丽的、性感的 | |
| | 童趣的、活泼的、精巧的、利落的、创新的 | 小巧的、甜美的、轻巧的、细腻的、顺滑的、温和的 | |
| | 小骨骼 | | |

图1—56 线条与骨骼大小带来的感受

## 8. 发质的分类及特点

发质的类型由头发的天然状态决定，即由身体产生的皮脂量决定，不同的发质有不同的特性。

（1）中性发质：如果头发不油腻，不干燥，那么这种头发就属于中性发质。这是一种有光泽、柔顺、健康的发质。

特征：既不油腻也不干燥，软硬适度，丰润柔软顺滑，有自然的光泽，油脂分泌正常，只有少量头皮屑。

（2）干性发质：如果头发无光泽、干燥、容易打结，特别在浸湿的情况下难于梳理，且通常头发根部稠密，但至发梢则变得稀薄，有时发梢还开叉，那么这种头发就属于干性发质。

特征：油脂少，头发干而枯燥，无光泽；触摸有粗糙感，不润滑，易缠绕、打结；松散，造型后易变形；头皮干燥、容易有头皮屑；头发僵硬，弹性较低，其弹性伸展长度往往小于25%。干性发质是由于皮脂分泌不足或头发角蛋白缺乏水分，经常漂染或用过热温度洗发，天气干燥等原因造成的。

（3）油性发质：如果头发细长、油腻，缺乏光泽，需要经常清洁，那么这种头发就是油性发质。

特征：头发油腻，触摸有黏腻感，洗发过一日，发根就出现油垢，头皮屑多，头皮瘙痒。皮脂分泌过多，头发油腻，大多与荷尔蒙分泌紊乱、遗传、精神压力大、过度梳理以及经常进食高脂食物有关。发丝细者油性发质的可能性较大，这是因为细发的圆周较小，单位面积上的毛囊较多，皮脂腺多，故分泌的皮脂也多。

（4）混合性发质：如果头发发根部比较油腻，而发梢部分干燥，甚至开叉，那么头发属于混合性发质。

特征：头皮油腻但头发干燥，靠近头皮1 cm左右发干多油，越往发梢越干燥甚至开叉，是一种干性发质与油性发质的混合状态。处于行经期的女性和青春期的少年多为混合型发质，因为此时头发处于最佳状态，但体内的激素水平不稳定，于是就出现多油和干燥并存的现象。此外，过度烫发或染发，但又护理不当，也会造成发丝干燥但头皮仍油腻的发质。

## 体形测量、分析程序

步骤1：准备测量工具，皮尺、纸、笔等。

步骤2：如果客户为同性，可以要求尽可能净身（只穿内衣）测量。让客户保持站姿，双臂自然垂放身体两侧。测量者站于被测者左侧。

步骤3：先长度后围度。即先量上身长、下身长、上衣长、下装长、臂长、腿长等；再测肩宽、胸围、腰围、臀围等；最后测一些细节部分，如领围、领长、臂围、袖长等。

步骤4：做好记录，根据尺寸计算出客人的具体比例。

步骤5：根据测量数据，给出一个体形的结论。

## 头形测量、分析程序

步骤1：准备测量工具，弯角测径规、数码相机。

步骤2：头长的测量。

1）受测者取坐姿，身体挺直，头部正直，两眼平视。

2）测量者站在受测者的侧面使用弯角测径规进行眉间点到枕后点之间的距离测量。

步骤3：头宽的测量。

1）让受测者姿势同上。

2）测量者站在受测者前面使用弯角测径规进行左右头侧点之间距离的测量。

步骤4：根据测得的数值进行分析，得出结论。

## 脸形测量、分析程序

步骤1：准备测量工具，如皮尺、直板等。

步骤2：寻找并测量三个宽度，即额头宽度、颧骨宽度、下颌宽度。

额头宽度是左右发际转折点之间的距离。

颧骨宽度就是左右颧骨最高点之间的距离，它是两颊的最宽点。

下颌宽度其实就是两腮的最宽处。

脸宽就是脸的最宽度，可以通过比较额头、颧骨、下颌的宽度来确定最宽值。脸长是从额顶到下巴底的垂直长度。

步骤3：掌握以上几个数值之后，读者就可以对照脸形和分类来找出自己的脸形。

## 肤色测试与分析程序

步骤1：请客人素颜坐到镜子前，至少可以看到被测试人的脸及上半身。测试环境要求光线充足自然，如果没有自然光，灯光也应足够明亮，且不偏色。

步骤2：给客人讲解测试的目的、测试过程中应该注意的事项。

步骤3：如果客人的衣服有色彩、头发有明显的焗色，请用白围布围着衣服，用不太明显的发夹把头发拢在脸后。

步骤4：测试开始。

仔细观察每组不同色布的颜色对客人整个头面部状态的影响，看哪一块色布更能帮助客人提亮肤色，使其白皙透亮、肤色均匀，哪一块色布让客人肤色晦暗或苍白、不均匀。每组色布的比较时间尽量不要超过1分钟。得出结论。

步骤5：指导其在服装、配饰、鞋、包、化妆以及染发等方面的用色规律问题。

步骤6：用丝巾、服装、饰品、彩妆等为客人做造型，来演示适合的色彩给形象带来的变化。

## 附1：皮肤色彩测试中的注意事项

（1）测试环境要求光线充足自然。允许在灯光下测试，但必须足够明亮，不能偏色，尽量冷暖光调配至最接近太阳光。

（2）被测试人的前面要有一面镜子，至少可以看到被测试人的脸及上半身。

（3）被测试人要求素面。对于脸部容易出油，而且出油后脸色会变暗的客人，洗过脸后任何护肤品都不要使用，即刻开始测试。

（4）对于染过的头发要用不太明显的发卡拢在脸后，尽量不要让它挡在面部。

（5）用白围布围在被测试人脖子下面，以挡住客人身上衣服的颜色，但要露出一段脖子，以便观察测试过程中不同颜色在下颌处产生的光影变化。

（6）请被测试人尽量坐直，挺起脖子，测试过程中客人不要随意乱动，不要有夸张的表情。

（7）询问被测试人的真实年龄，这在接下来的测试过程中会很有用。

（8）双手食指与拇指轻提测试布的上两个角，不要有过多手指在布面上，以免影响判断。

（9）设计师在测试客人时眼光应完全落在客人的脸上，不要只把目光集中到色布上，手上下移动色布凭余光和感觉来完成。

（10）测试色布的上缘一定要在客人脖子中间的横纹以下。

（11）手中上下移动的那块色布，在移动过程中要一步到位，不能刮到客人的下巴。

（12）观察两块色布交替时的一瞬间对人的头面部产生的变化。

（13）不要盯着一块色布看得时间过长，这样看其实什么也看不出来，每块色布在客人脸下方停留的时间，最好不要超过30 s。

（14）每次上下换色布的过程要迅速，要求在1 s内完成，干净利落。

（15）不要在离客人脸部很近的地方整理色布。

（16）当两块测试布处于同一位置时，尽量让这两块色布重叠得很好。当手中的测试布放在另一块下方时，要有小于1寸的位置是搭在另一块色布的下边缘上的，总之中间不能露白布，也不能让两块色布重叠的部分太宽。

## 附2：观察要点

好：哪一块色布让客人的肤质显得薄而通透、细腻光滑，毛孔缩小变得不清楚，显紧绷、充满弹性。

差：哪一块色布让客人的肤质显得厚、暗，毛孔粗大明显，松弛，缺乏弹性。

好：哪一块色布让客人的五官轮廓立体感增强，但不会收紧得过分。

差：哪一块色布让客人的五官轮廓显得模糊、扁平，缺乏立体感、不生动。

好：哪一块色布让客人脸上的瑕疵（如斑点、细纹、暗疮、红血丝、鼻唇沟及嘴周围的暗色）都被淡化而变得不明显。

差：哪一块色布让客人脸上所有的问题和不愿被人注意的小缺点（如黑眼圈、下眼袋、斑点、细纹等）都变得十分明显和抢眼。

好：哪一块色布让客人不会产生头重布轻或头轻布重的感觉。

差：哪一块色布让客人感觉很重、很大的一个头突出在色布之上或整个头面部被色布所"淹没"。

好：哪一块色布让客人感觉头面部与色布看上去在一个平面上，不存在哪个在前哪个在后的情况。

差：哪一块色布让客人感觉布和脸很不和谐，不在同一个平面上。

好：哪一块色布让客人整个人看上去很精神、有生气、不显土、不显俗、不显老。

差：哪一块色布让客人看上去无精打采、土气、俗气、老气、缺乏活力。

## 骨架比例（风格）测量、分析程序

步骤1：了解客人的真实身高与年龄，与视觉身高和年龄进行比对。

步骤2：判断身体的线条（直与曲）。直曲的判断是非常综合的，包括脸形、肩、躯干、臀等的线条状态，不可以单独凭一个方面就下结论。

步骤3：判断骨骼大小；并找到以骨骼大小所产生的分量感觉。

步骤4：根据个性特点、综合线条、骨骼等的基本条件，确定基本风格。并试穿风格测试衣确定主风格。

步骤5：通常每个人都是以一个风格为主，再偏向另外一种风格。偏与不偏

要看客户本身是否具有主风格所不能包含的特点和气质，如果有，则还有偏风格。但通常都会是一个直线型风格再偏向一个曲线型风格或曲偏直，但也有直偏直，曲偏曲的。

步骤6：再次结合风格测试衣来判断偏风格。

发质测试、分析程序

**（1）光泽度测试，测试自己的头发是否光亮、有油脂**

步骤1：中分清洁后的头发，梳平梳顺。

步骤2：在正对面放一面镜子，位置以自己能够清楚看到头顶为准。使灯光从头顶射下来，形成一个皇冠似的圆晕。

步骤3：推断，圆晕越亮，头发光泽度越好。

**（2）韧度测试，测试自己的头发是否干燥**

步骤1：在洗头之前，剪下一束大约一寸长的头发，将其置入水中。

步骤2：观察，30秒内就能看出结果。发质差的头发容易吸水下沉得快。如果你的头发直线下沉，那么你该注意头发的养护了。

**（3）顺滑测试，测试自己的头发是否完整不干枯**

步骤1：用梳子从上到下梳理头发。

步骤2：握住一把头发的末梢，用力搓揉，然后看其末梢处是否开叉和断裂。

步骤3：如果梳子总在相同的地方被阻滞，那这个地方的头发就是最脆弱、最干燥的。头发末梢的开叉断裂是头发脆弱的开始，必须及时加以控制、治疗。

# 学习单元2
# 设计对象基本资料管理

**学习目标**

1. 了解资料管理的作用。
2. 熟悉设计对象资料管理程序。
3. 掌握资料管理的基本方法及要求。

## 知识要求

### 1. 资料管理的作用

资料管理是形象设计工作的重要组成部分，是形象设计师对顾客自然情况、设计方案、工作进度、设计结果的整理与保存，是今后资料检索、工作进度监测、对设计结果验收、开发新产品的依据等。通过建立翔实的客户档案，可以了解客人的需求，开发新客户群体，并挖掘客户潜在消费趋向，为客户提供有针对性、个性化、令人满意的服务。

其作用表现如下：

（1）形象设计资料管理为设计工作打下坚实的基础。形象设计一定是在来访者的自然情况基础上进行的。因此，对基本资料的了解是非常必要的。每个来访者都是一个独立的个体，在资料收集初级阶段，首先应该了解来访者的自然情况，内容包括姓名、性别、年龄、职业、联系方式、健康状况、穿着习惯等，并且还要记录与设计有关的自然色、自然形、个性因素、社交圈子、生活方式等基本内容。

（2）形象设计资料管理为下一次工作的接续提供备忘。形象设计是全方位的工作，不可能一次全部完成。另外，每一个设计师所擅长的工作方向也是不同的，但形象设计的每一部分却是相通的。所以，形象设计档案资料会记录形象设计工作的项目与进展，也为下一次工作的接续或其他设计师的工作提供了备忘材料。

（3）形象设计资料管理是检查整个设计工作水平的重要依据。通过这种资料管理方式，可以为日后进行设计效果评估（设计水平如何，是否有遗漏或误差），提供最好的第一手材料。

（4）形象设计资料管理是追溯设计过程的主要证据。资料的备查不仅是为了设计师们，同时也是为了企业管理部门，为了客户。因为无论谁需要追溯整个设计过程，这些资料都会提供最好的证据。

（5）形象设计资料管理是联络老客户的有效备忘，还可以通过分析他们的需求，为新产品的开发提供素材。

### 2. 资料管理的基本方法和要求

成功的客户资料管理至少应包括如下功能：对客户自然信息的掌握（即

第1章 分析与定位

客户信息表）；客户服务情况动态监测（每次工作情况及客户反馈信息）；通过电话、传真、网络、电子邮件等多种渠道与客户保持沟通，了解客户动态需求；企业员工全面了解客户关系，企业内部做到客户信息共享；对市场计划进行整体规划和评估；对各种销售活动进行跟踪；通过大量积累的动态资料，对市场和销售进行全面分析等。

**（1）形象设计资料管理的功能较多，如果要完成它们，可以采取以下几种方法**

第一，注重第一次客户资料的收集工作。形象设计工作是在根据客户的自然要素基础上进行的，如果对客户的自然情况了解比较少，会给工作带来许多不便。

第二，每一次服务都要认真记录，以便为下面的工作提供最充分的备忘。

第三，定期有专门管理人员通过电话、网络等方式，提供一定的回访服务，并定期发布一些时尚资讯。

第四，可以定期召开客户资料讨论会，大家共同对客户的资料进行分析研究，以便对形象设计产品进行补充、调整，并开发新产品等。

第五，派专人负责对客户进行人文关怀，如生日祝贺、节日问候、小礼物赠送等，并向他们推广新产品等。

**（2）资料管理的要求**

第一，明确责任，专人负责。明确责任有利于资料的及时收集、及时整理，资料的连续性、系统性好，差错少。专人负责，便于资料的保存及管理。

第二，制定规则，严格执行。资料管理很重要，因此要明确五个W，即由谁（Who）来填写、什么时间（When）写、写什么（What）、设计理由（Why），以及如何写、填写后是否有签字、最后由谁来管理、如何查阅（How）等管理细则，并且要严格按照规则执行。

第三，分类归档，查阅方便。来访者的年龄、职业、性别等自然情况千差万别，设计需求也不尽相同。因此，分类归档可以使设计顾问便于查阅。但如何来分类，则是一门科学，如按自然情况分类，就可按年龄段、职业、姓氏等把资料整理归档。如按设计需求分类，就可分皮肤色彩诊断、款式风格诊断、仪态指导等把资料整理归档。一旦分好类后，就要统一方式并持续下去，这样才便于查询。

第四，定期研讨，资料营销。资料管理，是利用资料这种资源，定期对客户进行动态分析，了解其动态需求，通过新产品激发老客户的消费需求。

## 设计对象资料管理程序

步骤1：设计对象信息采集表。这份表格尽可能包括设计对象的自然情况、形象设计前的情况、设计过程、设计结果等全部内容。

步骤2：接待客户，并请其填写他应该填写的部分。

步骤3：设计师填写其应该填写的内容。

步骤4：在服务之后，把资料整理完善，检查无遗漏后签字准备归档。

步骤5：交与档案管理员，双方签字确认。

步骤6：档案管理人员及时归档，并在档案目录中登记。

步骤7：实行客户资料的动态管理，定期召开客户档案研讨会，分析对客户的服务质量及开发新服务项目。

第1章 分析与定位

# 第 3 节 定位

## 学习单元 1
## 了解设计对象基本需求

**学习目标**

1. 了解设计对象的消费心理类型、流行趋势与形象设计的关系。
2. 熟悉了解设计对象基本需求的程序。
3. 掌握与设计对象的沟通技巧。

**知识要求**

### 1. 设计对象消费心理类型

每个设计对象都有自己的消费动机,其动机不同影响的消费行为也不同。我们通过了解和分析其消费心理,可以有的放矢地促进设计工作的有效进行。

结合经济学家和心理学家对消费者购买心理的研究,可以总结出设计对象的消费心理,有以下几种:

**(1)从众心理**

一部分人听别人怎么说,或是看别人在购买什么产品,自己也去说、也去买,这种在从众心理诱导下的购买动机具有跟随性，其表现常常是在购买行为中呈群体聚集购买状态，购买者都去购买同一商品。从众心理支配下的购买行为一般具有购买无目的性、偶发性、冲动性的特点。一个群体、一个有影响力的人有可能带动其他人进行同样的购买。

### （2）仰慕心理

出于对形象设计师或某个公共人物的认可与崇拜进行的购买，这种购买动机具有趋向性和追求性。仰慕心理支配下的购买行为一般具有选择性和目标追求性的特点。仰慕某明星可能就会购买与明星一样的产品。

### （3）炫耀心理

一种商品可能代表的是一个阶层，拥有某商品，可能就拥有了与众不同的身份。形象设计似乎总与高品位相连，有些人就有了"购买形象设计服务，就会比别人多了品位与魅力"的想法。因此，在炫耀心理诱导下的购买动机具有求荣性，其表现常常是购买名贵商品、紧俏商品和时髦商品。炫耀心理支配下的购买行为具有虚荣性、攀比性的特点。

### （4）实惠心理

任何人都愿意购买物美价廉、物超所值的商品，尽管购买形象设计服务并不是来求廉的，但最后的目的还是想通过学习达到物尽其用的目的，学一点是一点，买一件是一件。其诱导下的购买动机具有图廉性和求实性，其表现为常常购买价格低廉、经久耐用的产品。实惠心理支配下的购买行为具有节约性和实用性的特点。

### （5）享受心理

一部分人喜欢享受高品质的生活，其心理下的购买动机就是体现奢侈性，其表现为常常购买高档生活商品。形象设计是人在满足基本生活需要的基础上才会产生的另一种高层次的需求。因此，其支配下的购买行为具有率先性、求质性的特点，对整个社会消费方式和消费结构的改变有导向作用。

### （6）求异心理

有一部分人特别喜欢与众不同、标新立异，当看到别人穿同样的衣服时，他们就会把这件衣服束之高阁。这部分人最喜欢比较新的商品，形象设计就是这类商品，他们想通过购买这种服务，让自身个性展现得更合理，更有时尚特点。

### （7）攀比心理

有些人有"饮食消费向广告看齐，服装消费向名牌看齐，娱乐消费向流行

看齐，人情消费向成年人看齐"的攀比心理。

**（8）求美心理**

爱美之心人皆有之。日本服装心理学家的调查显示，40%的人认为自己的身材不够完美，都希望通过较好的手段使自己更完美，特别是在关键时刻，这种需求特别急迫。为此，选择购买形象设计服务就是满足自己的求美心理。

消费者购买心理、购买动机和购买行为存在着不可分割的内在联系。购买心理是购买动机的驱使器，当消费者具备购买条件时，便产生了购买行为。每一次购买行为的发生，不仅仅是一种购买心理诱导的结果，更是几种购买心理综合作用支配的结果。实践证明，消费者心理是实现社会商品购买力的一种强大的心理作用力。而作为产品的提供者——形象设计师，应在产品定位的基础上，不断开发新产品，以适应不同消费者的需要。

## 2. 与设计对象的沟通技巧

沟通是一门艺术，也是一门技巧。尤其是在营销沟通时，我们每一个人都想让自己的思想（通过语言传达）变成他人的行动。但这并不是一件容易的事。

良好的沟通不是想表达就行，一个良好的表达一定是遵循55/38/7定律的。55%是非语言，就是表情、肢体动作、服装等外表因素，它带有很强烈的第一印象。如果非语言展现得非常好，既会引起对方的兴趣，也会使表达更加有效，自然而然沟通便顺畅了一半。38%是语音语调，说话过程中，发音要清晰，语句表达要重点突出（抑扬顿挫），这样就会通过语音语调加强表达，更有利于理解。7%是说话的内容，选择好的说话内容也是保证良好沟通的一个有利因素。一次良好的沟通，说什么内容固然非常重要，但怎么去表达这个内容（55%的外表、38%的语音语调）更为重要。

良好的沟通并不是满足了"会说"就行，还要"会听"，这样，良好的沟通才能完成。

**（1）让自己的外表也加强表达**

外表，包括表情、肢体动作、服饰等。每个因素都与所表达的内容相符，才能强化所表达的内容。如果一个人想表达一个有信心的内容，那么表情就要表现出自信、挺胸抬头、手臂挥动有度、步伐稳健有力、衣着色彩鲜明、款式利落等，这样才能配合着有信心，真正表现你的信心。但如果衣着灰暗、弯腰弓背，无论如何不会让别人相信你是有信心的。一个衣着呆板、表现严谨的人，如果流露出幽默的语言，一定会让人有奇怪的感觉，似乎是挤出的幽默。而衣着随意、动作也相当随便的一个人，如果去布置一项严肃的工作，达到的效果也不会太理想。

### （2）让自己的声音更富有感染力

一个动听的声音应该是饱满的、充满了活力，能够调动他人感情的。声音可以反映人的心态，细小、单调、乏味的声音，能够轻而易举地催人入眠，它表现了说话者可能缺乏自信。软绵绵的声音能够"催人心肠"，它的主人更适合在花前月下倾诉衷肠，而不是在众人仰望的领导位置上。音质宽厚、语调抑扬顿挫的声音，可以放射出独特的性格魅力，提高交流效果。BBC电视在一个节目中，播放了几位世界级领袖人物的演讲片段，包括肯尼迪、丘吉尔、撒切尔夫人、伊丽莎白女王、马丁·路德·金等，要求听众辨别他们的声音。被测的听众都能够准确地说出他们的名字。因为这些有巨大威望的领袖们的声音都音质独特、有权威感，他们的声音也是吸引追随者的魅力之一。美国前总统布什和克林顿，以及撒切尔夫人的声音等都是经过了严格的演讲训练的。

### （3）学会说话

首先，要遵守一些基本语言规范。面对顾客时，要有基本的称呼，"先生/女士"，或者知道其社会角色就可以用"经理、老师、李姐、王大哥"等来称呼，不要用比较低俗的"美女""亲爱的"来称呼。说话时掌握中等语速，中等音量；同时要热情饱满，重点突出；说普通话，吐字清晰。

其次，表达的方式用"我……信息"，如"我们是这样认为的""我们是这样做的""我们从专业上认为……"；而尽量不要用"你……信息"，如"你这样打扮是不对的""你怎么能这样穿""你这个位置处理得不好"。"你……信息"加入了设计师很多主观成分，让听者感觉不舒服。说话时一定要面带微笑；手尽量不要挥洒，也不要抱臂，双手叠放在腹前即可。

最后，根据设计对象不同的个性表现进行有效沟通。无论哪种消费心理，由于个性的不同，在购买服务时，设计对象所表现出的类型是不一样的，如何与这些不同类型设计对象沟通，以便达到很好的服务目标，这就需要一些技巧。

冲动型：这类人反应快，情绪易受外界影响。如果不能及时满足他们的需求，就有可能会激起他们的怒气。因此，在与他们讲解形象设计服务条款时，说话要利落，不用有太多铺垫，语言选择和态度要慎重，不能随便套近乎，动作要敏捷，避免让顾客等候。

内向型：这类人少言寡语，不善言谈，选择时间长，犹豫不决，容易推翻自己，难下决定。对于这类顾客，要仔细观察其更替动作，不要急于推销，而可以用温情的茶水、小小的丝巾搭配，引导、保证和支持顾客。

博学型：这类人知识与见识丰富，特别爱说话。设计师要耐心倾听，不要打断顾客的话。尽管他们说的不一定全正确，也要对这类顾客的学识加以赞赏，认同他们正确部分的观点。同时分析顾客的兴趣和喜好，抓住机会推荐适宜的产品。

疑心型：这类人防卫戒备、不相信他人，总想证明自己是对的。设计师要与这类顾客保持一定的距离，给顾客自由的空间感。给顾客做建议时要充分自信，让顾客感受到虽然你谦虚，但却比顾客专业。同时，通过询问找出顾客的疑虑，对顾客的介绍要真实可信，推荐货品一定要尊重顾客的意愿和情绪。配合顾客心理接受度，适时对对方确切的优点夸奖对方，引起话题，增强顾客的信心。

沉稳型：此类人做事缓慢，似乎认真倾听，就是迟迟不作购买决定，不断权衡。设计师的解说必须简洁，有理有据，要条理清晰地向顾客介绍说明。明确表达货品的卖点与顾客的个人特征吻合。透露货品因受欢迎或限量供应等供给不足的信息。

挑剔型：极个别的人爱说刻薄话或风凉话，比较喜欢挑细节。对待这类人，要保持平和的心态，不要被顾客的语言或行为激怒。面对顾客嘲弄的语言可以用"你真幽默"或"你真是个风趣的人"来化解；面对他们的行为可以用"你很细心"或"你比较关注细节"等来降低他们的防御心理。

随意型：大部分人没有明确的购买目标，愿意听取他人建议，不过于挑剔。对待他们要表达真诚，了解他们的需求，让他们感觉提出的建议出发点是为他们着想，适可而止，不宜过多推荐。

自我型：这类人自我优越感强，有主意，以自我为中心。与他们沟通时，一定要倾听并顺应他们的主意。在适合的时候征询他们的意见，给他们建议，让你的建议成为他们的主意。

### 3. 流行趋势与形象设计的关系

流行趋势是指一个时期内社会或某一群体中广泛流传的生活方式，是一个时代的表达。它是在一定的历史时期，一定数量范围的人，受某种意识的驱使，以模仿为媒介而普遍采用某种生活行为、生活方式或观念意识时所形成的社会现象。流行趋势有以下特点：

（1）创新：流行创新者在流行循环的创新阶段中，即采用了新的款式。

（2）兴起：时装领袖和早期的追随者，会在流行兴起的阶段介入。

（3）接受：大众市场的消费者采用这种款式的时机，则是在接受阶段中。

（4）消退：晚期的流行追随者，则在消退阶段才采用这种模式。

（5）萎缩：与流行无缘或反应迟钝的个体，在衰退阶段才会采用这种款式。

英文中，"流行"一词在不同的周期，有着不同的翻译，例如，FASHION，广泛普及并相对长期的流行；VOGUE，人气鼎盛的广泛流行；FAD，短期的小规模流行；CRAZE，短期的狂热的流行。

德国社会学家齐美尔是从社会互动和服装流行的社会区分化功能的角度深入揭示了服装流行的定义本质。他认为，通过具有外观表现力的服装的流行，社会各个成员可以实现个人同社会整体的适应，从而实现其个性的社会化。而社会整体结构的运作，也可以借助于服装的流行作为文化桥梁或催化剂，将个人整合到社会中去。

形象设计是在一个人的年龄、职业、个性、身材等基础上的艺术化的实践活动，因此，这个艺术化的设计要素就一定少不了流行的元素，以便设计出来的形象能跟上时代的步伐，从而实现其个性的社会化。但在形象设计过程中，也要遵循个性的一些特点，适度选择使用流行元素，这样才能使个体在追随流行脚步的同时，也会保持自己的个性特点，使个人的形象设计特点有更加独特的魅力。所以，流行趋势与形象设计是密不可分的两个因素。一方面，把握流行趋势会使形象设计工作有了方向；另一方面，通过形象设计也会落实或促进流行，或产生新的流行。

## 了解设计对象基本需求的程序

步骤1：向设计对象介绍形象设计工作的范围与内容，以及设计师能做到的，也就是设计师具备的能力和工作室的产品。

步骤2：询问客户有哪些基本需求，例如，前来设计的主要目的是什么，期

望在职场有什么表现,自己的期望与别人的期望,等等。

步骤3:进一步询问设计对象的职业、年龄、个人习惯,以及将来的人生目标等,并观察其个性。因为有的设计对象在寻求设计之前,比较清晰、明确自己的需求;而有的设计对象仅仅就是想改变一下,没有具体明确的目标。这需要设计师根据访谈来确定其基本需求。

步骤4:确认设计对象的基本需求,或对于没有太明确目标的设计对象提出一些建设性的意见。

步骤5:进一步沟通,探讨设计对象的需求。

步骤6:最后与设计对象确认他的基本需求。

# 学习单元2
# 日常形象设计方案的制定

## 学习目标

1. 了解日常形象设计方案基本内容。
2. 熟悉日常形象设计方案格式及要求。
3. 掌握制定日常形象设计方案的程序。

## 知识要求

### 1. 日常形象设计方案基本内容

形象设计方案是指标定一个设计的大方向。使长期(或短期)、烦琐、复杂的工作可以有条理、有顺序、有效率地实施。尽最大可能降低工作过程中的反复、错误与偏差。使所设计出的每一步骤,能够很好地完成它所应完成的任务,达到它所应达到的功能。

日常形象设计方案的内容应包含客户的基本情况资料、客户的基本需求、形象设计的定位、设计理念、设计内容等。

形象设计方案
- 客户的基本情况
  - 年龄、身高、职业、个性、身材、文化程度、生活方式、消费习惯
  - 设计师对其行为、语言、声音、个性的印象
- 客户的基本需求
  - 自己期望达到的标准
  - 对自己的认可度
- 形象设计定位
  - 自然要素的分析
  - 形象设计定位
  - 形象设计所达到的水平与目标
- 设计理念
  - 设计灵感
  - 设计风格
  - 设计步骤
- 设计内容
  - 发型设计
  - 色彩搭配设计
  - 服饰风格设计
  - 化妆设计
  - 语言设计
  - 声音设计
  - 行为礼仪设计
  - 体香设计
  - 完美个性指导
  - 文化修养指导
  - 心理健康指导

## 2. 日常形象设计方案格式及要求

制定日常形象设计方案的格式是非常重要的，因为随着客户的增加，如果没有一定常规的格式，就会很容易丢失客户资料以及工作的方案等。因此，形象设计师可以按自己的习惯用 Word 文档或 PPT 文件写出形象设计方案。

格式：

（1）封面占一页（见下页图）

（2）目录（设计内容要根据客户的需求适当填写）

例如：

第1章 分析与定位

```
Logo


           ×××形象设计方案




           ×××（单位名称）
             年  月  日
```

Logo

目　　录

## 一、客户的基本情况

1. 自然情况

2. 设计师的印象

## 二、客户的基本需求

1. 自己期望达到的标准

2. 对自己的认可度

## 三、形象设计定位

1. 自然要素的分析

2. 形象设计定位

　（1）皮肤色彩的定位

（2）款式风格的定位

（3）脸形与发型的定位

3. 达到的水平与目标

## 四、设计理念

1. 设计灵感

2. 设计风格

3. 设计步骤

## 五、设计内容

1. 发型设计

2. 色彩搭配设计

（1）发色设计

（2）服饰色彩设计

（3）化妆色彩设计

（4）不同场合的色彩设计

　　1）职场色彩应用

　　2）休闲色彩应用

　　3）晚会色彩应用

3. 服饰风格设计

（1）服装风格特点

（2）饰品风格特点

（3）不同场合服饰风格细节把握

　　1）职场风格的应用

　　2）休闲场合风格的应用

　　3）晚会场合风格的应用

4. 化妆设计

第 1 章　分析与定位

5. 语言设计

6. 声音设计

7. 行为礼仪设计

8. 体香设计

9. 完美个性指导

10. 艺术修养指导

11. 心理健康指导

**技能要求**

### 制定日常形象设计方案的程序

步骤 1：与客户详细沟通，确认其形象设计的需求。

步骤 2：撰写日常形象设计方案。

步骤 3：与设计对象就设计方案沟通细节，并修改设计方案。

步骤 4：再一次确认设计方案，为设计工作提供依据。

**知识链接**

### 附 3：国际 CMB 色彩测试程序

步骤1：仔细观察被测试人整个头面部呈现出的色彩特征，给你的第一感觉是什么（对于初学者，能够排除1种或2种色彩关系即可，如深、浅，冷、暖，净、柔；若遇到很难判断的，也可以暂时保留全部的色彩关系），做到心中有数，接下来进行排除测试，以求证最终结果。

步骤2：找出几组有色彩关系（如冷与暖、浅与深、净与柔）的色布，每组叠放在旁边。

具体使用方法：

用两块色布来比较区分两种固有色特征，哪一块符合让人的面容变好的特点，即保留哪一个固有色特征。

例如：

区分浅和暖，可以用一块中等偏高明度的中性色和一块低明度的中性色相比较；

区分浅和冷，用一块中等偏浅明度的蓝色和一块中等偏深明度的蓝色相比较；

区分浅和净，用一块中等偏高明度的粉色和一块高饱和度的明艳的粉色相比较；

区分浅和柔，用一块中等偏高明度的中性色和一块低明度的中性色相比较；

区分暖和深，用一块低明度的咖啡色和一块极低明度的咖啡色相比较；

区分暖和净，用一块低明度的咖啡色和一块极低明度的咖啡色相比较；

区分暖和柔，用一块中等偏低明度的暖色调的棕色和一块中等偏低明度的冷色调的棕色相比较；

区分冷和深，用一块中等偏深明度的紫色和一块极低明度的紫色相比较；

区分冷和净，用一块中等明度冷色调的中性色和一块中等偏高明度的暖色调的中性色相比较；

区分冷和柔，用一块中等明度冷色调的中性色和一块中等明度的冷色调的棕色相比较；

区分净和深，用一块极高明度的紫色和一块极低明度的紫色相比较；

第1章　分析与定位

区分柔和深，用一块低明度的中性色和黑色相比较。

确定出固有色特征之后，再用色布按顺序比较测试出第二色彩特征和第三色彩特征。

如果固有色特征是浅色型，则要用高明度的暖色调的颜色和高明度的冷色调的颜色相比较区分出浅暖和浅冷。如果测试结果是浅暖色彩类型，则需继续用极高纯度的暖色调的颜色和低纯度的暖色调的颜色区分出是浅暖偏艳的人还是浅暖偏柔的人，所得出的结论就是这种类型人的形象用色原则。如果测试结果是浅冷色彩类型，则继续用极高纯度的冷色调的颜色和低纯度的冷色调的颜色区分出是浅冷偏艳的人还是浅冷偏柔的人，所得出的结论就是这种类型人的形象用色原则。

如果固有色特征是深色型，则用低明度的暖色调的颜色和低明度的冷色调的颜色相比较区分出深暖和深冷。如果测试结果是深暖色彩类型，则继续用高纯度的高明度的暖色调的颜色和低纯度的中等偏高明度的暖色调的颜色相比较区分出是深暖偏艳的人还是深暖偏柔的人；如果是深冷型人，再用高纯度的冷色调的颜色和低纯度的冷色调的颜色相比较区分出是深冷偏艳的人还是深冷偏柔的人。

如果固有色特征是暖色型，则用暖色调的低纯度的颜色和暖色调的高纯度的颜色相比较区分出是暖柔型人还是暖亮型人。如果是暖柔型人，再用高明度的暖色调的颜色和低明度的暖色调的颜色区分出是暖柔偏浅还是暖柔偏深的人；如果是暖亮型人，再用高明度的暖色调的颜色和低明度的暖色调的颜色区分出是暖亮偏浅还是暖亮偏深的人。

如果固有色特征是冷色型，则用冷色调的高纯度的颜色和冷色调的低纯度的颜色区分出是冷亮型和冷柔型。如果是冷亮型人，再用高明度的冷色调的颜色和低明度的冷色调的颜色区分出是冷亮偏浅的人还是冷亮偏深的人；如果是冷柔型人，再用高明度的冷色调的颜色和低明度的冷色调的颜色区分出是冷柔偏浅还是冷柔偏深。

如果是净色型人，则要用纯净明亮的暖色调的颜色和纯净明亮的冷色调的颜色相比较区分出是净暖型还是净冷型。如果是净暖型，再用高明度的暖色调的颜色和中等偏低明度的暖色调的颜色区分出是净暖偏浅还是净暖偏深；如果是净冷型，再用高明度的冷色调的颜色和中等偏低明度的冷色调的颜色区分出是净冷偏浅还是净冷偏深。

如果是柔色型人，则要用低纯度的暖色调的颜色和低纯度的冷色调的颜色相比较区分出是柔暖型还是柔冷型。如果是柔暖型，再用高明度的暖色调的颜色和中等偏低明度的暖色调的颜色相比较区分出是柔暖偏浅的人还是柔暖偏深的人；如果是柔冷型，再用高明度的冷色调的颜色和中等偏低明度的冷色调的颜色区分出是柔冷偏浅的人还是柔冷偏深的人。

步骤 3：通过观察、比较、推导，最终确定被测试人所适合的色彩关系，从而指导其在服装、配饰、鞋、包、化妆以及染发等方面的用色规律问题。

# 第 2 章
## 服装服饰设计与实施

- 第 1 节　设计
- 第 2 节　实施

# 第1节 设计

## 学习单元1 根据设计对象自然色的条件进行日常服装服饰形象设计

**学习目标**

1. 了解服饰品知识及相关搭配知识。
2. 熟悉人体自然色与服装服饰色彩的关系及搭配方法。
3. 掌握根据设计对象自然色分析与诊断,以及根据设计对象自然色的条件进行服装服饰形象设计的程序。

**知识要求**

### 1. 饰品相关知识

**(1) 饰品的概念**

广义的饰品是指为整体美观用来装饰的物品,其一般用途为装点居室,美化公共环境,装点汽车,美化个人仪表。饰品可分为以下几类:居家饰品、服装饰品、头发饰品、汽车饰品等。而狭义的饰品专指服装配饰。

服装配饰（服饰品）是指除了服装以外的其他服饰配件的总称（如鞋、包、首饰、围巾、胸针等），款式新颖而富有时代感，除了用以搭配服装，还可以作为个人风格形象的一种展现，从而给予外观者以完整的视觉形象。

（2）起源与作用

服装配饰是与衣服搭配的一些配饰物品，从属于服装，是除了服装之外的服饰配件的总称。考古发现，很早以前的人类就有了佩戴饰品的习惯。从女性的石头手链，到印第安人头上的鲜艳羽毛。最早的配饰完全是由于人类的喜爱而出现，是一种个人在追求美的基础上而产生的实物载体。服装配饰的起源，是民族文化、艺术起源、社会进步的一部分。它早于服装的出现，当饰品与人类服装相结合时，出现在人们眼中的就是服装配饰了。随着社会的不断发展，配饰从原来单纯的美的追求，不断地被赋予了更多的含义，例如，个人特殊地位的体现（古代部落头人的装饰、手杖）、个人荣誉的象征（运动员获奖的奖牌）、宗教信仰的象征（教堂里的十字架）、个人形象的体现（明星的个人物品）。

从装饰物所表现出的外观形式及装饰形式上看，实际的需要或对精神的信仰可能会导致某种装饰物的出现，而客观美感的存在及其对人们的感染力又会导致服装配饰的发展，使服装配饰的种类越来越丰富，越来越美观。

（3）服装配饰的类型

1）按佩戴部位分类

头饰：用在头部及面部的装饰。如帽子、头花、发卡、簪子、鼻环、面贴等。

耳饰：耳坠、耳环、耳钉等。

颈饰：项链、项圈、围巾等。

肩饰：丝巾、披肩、围巾等。

胸饰：胸花、别针等。

腰饰：皮带、腰带。

手饰：手链、手镯、手环、戒指、手表等。

脚饰：脚链、鞋子、袜子等。

佩戴饰：服装上和随身携带的装饰品。如包、胸针等。

2）按材料分类。宝石类、金属类、骨质类、木质类、鲜花类、石头类、织物类等。

3）按作用分类。装饰类、保暖类、标识类等。

**（4）服装配饰的特性**

1）从属性与整体性。服装配饰与服装相比，处于次要的、从属的地位，但同时又具有鲜明的时代性和引导时尚的前瞻性。由于环境、时代、文化等方面的差异，人们对服饰的装扮要求会有所不同，而服装与饰物之间的隶属关系也会各有不同，所以在使用时要根据具体的因素来考虑。在现代日常生活中，人们对着装的要求体现在美观、舒适、卫生、时尚、个性和整体协调等方面，而鞋帽、首饰等服装配饰都要围绕服装这个整体的特点来搭配，与着装者形成完美的统一。

2）社会性与民族性。服装配饰的发展体现出社会性与民族性的特点。一方面，不同时期的文化、科技、工艺水平、政治、宗教及个性等方面的变化一定会反映到配饰的艺术性、审美性、工艺性、装饰性等方面。另一方面，不同的民族风情、民族风俗、地域环境、气候条件等因素，也使不同民族、不同地域的服装配饰具有了各自不同的形式和内容。

3）审美性与象征性。服装配饰的审美性往往与象征性是密切联系的。自从社会开始出现阶级分化，等级制度逐步形成，等级差别也是反映到了服装的配饰上。如帝王冠冕堂皇，官职高低以冠梁的多少，色彩、饰物的不同来区分。与此同时，人们对服装的审美水平也在日益提高。

**（5）服装配饰的特点**

1）自由随意性。服装配饰在服装中的易塑性使其容易依附于人体，可用在人体的各个不同的位置，比如头、颈、肩、臂、腰、臀、手、腕、腿、脚等部位，其样式、大小、疏密等都可按照不同风格、不同格调的服装去随意地搭配。不管放在哪个位置都能使原本简单的款式顿时显得丰富而有味道。

2）灵活多变性。配饰的种类性提供了多样的变换手法，每种手法用在服装上都会塑造出不同的造型，更会产生完全不同的样式风格。同样的配饰，同样的位置，如果运用手法不同，服装造型、结构和感觉也会相去甚远。

3）活泼潇洒性。由于服装配饰的种类繁多且在服装中的应用手法也非常多样，所以使服装配饰在服装中给人以一种潇洒多变，且活泼生动的感觉。

4）丰富多样性。人们在交流过程中，视觉是与触觉同等重要的一种感知方式。不同的服装配饰有其不一样的材质特征，所给人的那种美感是视觉与触觉

相结合的反应，使人们真实的感受和丰富的想象慢慢延伸。强调肌理对比是近年服装界注重细节、克服单调的一大手段。配饰本身质感就很丰富，若再与其他丰富的面料、辅料等相结合，便可形成特殊的肌理对比，从而增强视觉效果。

服装配饰逐渐成为服装表现形式的一种延伸，已成为美的体现的不可或缺的一部分。正如2011秋冬伦敦时装周艺术总监余智杰所说，"配饰也是有生命和感情的，它也会表达对服装的喜爱和厌恶。我们只是尽最大的努力去完成它的形，结合其中意的服饰，它才会给众人展现它那独有的神韵"。

**（6）服装配饰的风格**

不同服装配饰的大小、线条、肌理等都会向人们表达不同的感受，也因此而形成了多种不同的风格，如图2—1所示。

图2—1 服装配饰的风格

**（7）配饰与服装的搭配理念**

1）整体观念。服饰是立体活动彩色雕塑，所以使用饰品时一定要注意与服装色彩、个人风格等统一协调。

2）肤色观念。不仅服装色彩要与皮肤色彩相适合，配饰也要适合自己的肤色。一定要注意所有服装是要穿在自己的"肤色"之上的，而绝不是配在白墙上或白色、黑色模特儿架上的。

3）体形观念。体形不佳的人尤其要学会用服饰来扬长避短。比如，脖子短的人，可以佩戴一个项链来加强脖子的视觉长度。又如，臀部较大，让人苦恼，但穿上皱褶的长裙，让人感觉出潇洒的田园风格。

4）配饰观念。配饰品与服装密不可分，买完衣服仅仅是万里长征走完了第一步，另外还要预算出一半的钱来考虑配件。

5）发型观念。头发的风格（尤其是色彩）决定服饰配搭，因此，饰品一定也要注意发型的协调。

6）妆型观念。不同的服饰要搭配不同的妆型，如果妆型比较单一，就会影响服装的表现力。

7）个性观念。年轻人对流行服饰虽然有很敏锐的反应，但往往是粗线条的直觉，如果没有饰品的合理搭配，反而显出没有品位。聪明人是把流行当"调料"放进当季衣服中，使自己时髦又别具一格。

8）经济观念。往往价格越高的服装质感越好，所以最佳办法就是确定购衣价格单，买单价高一些的衣服，数量可少点，同时还要列出配饰品的价钱来。

9）保养观念。这包括两个方面，一方面是服饰品的洗涤、熨烫、收藏和保管，另一方面是每周提前进行衣着计划。

## 2. 人体自然色与服装服饰色彩的关系

皮肤并非是一张白纸，是有颜色的。如果服饰的颜色穿对了，就会使皮肤产生较好的状态，立体、收紧、透彻、健康。如果穿错了，可能就会使皮肤看起来色斑加重、松弛下坠、病态惨白、皮肤暗淡等。因此，穿对了色彩比十次绝好的美容效果更胜一筹。服饰的颜色是可变因素，而肤色是不变的，只有对皮肤自然色做一次准确定位，才能科学地指导服饰色彩、化妆用色、头发色彩等。

**（1）人体自然色与服饰色彩的协调**

根据美学的原理，只要人体自然色与服饰色彩和谐统一就会产生美的特征。如果色彩不和谐地搭配在一起，就像配乐时几个不同的调子合在一起总让人感觉不舒服一样。因此，找到人体自然色特征才是服饰搭配的基础。

服饰色往往是多个色彩的组合，色彩与色彩间的关系是有规律可循的。掌握这些规律，就可以使形象设计中的色彩要素发挥极强的作用。

**（2）各类肤色的服饰用色规律**

1）深冷型的肤色。服饰用色大胆明确，在配色时采取中强度以上的对比配色，会更能体现深冷型人肤色强烈、醒目的特点。

2）深暖型的肤色。服饰用色浓郁，在配色时可以采取中度以下的弱对比配色，会更能体现深暖型人的沉稳与成熟。

3）浅冷型的肤色。服饰用色浅淡，在配色时可以采取中度以下的弱对比配色，会更能体现浅冷型人的雅致。

4）浅暖型的肤色。服饰用色轻浅明快，在配色时可以采取中强度对比配色，会更能体现浅暖型人的明朗。

5）冷亮型的肤色。服饰用色冷艳，在配色时可以采取中强度的对比配色，会更能提亮冷亮型人的肤色，增强华丽、冷艳的贵气。

6）冷柔型的肤色。服饰用色冷静柔和，在配色时可以采取中度以下的弱对比配色，会更能体现冷柔型人的低调。

7）暖亮型的肤色。服饰用色温暖明亮，在配色时采取中强度以上的对比配色，会更能体现暖亮型人的明媚。

8）暖柔型的肤色。服饰用色温暖柔和，在配色时采取中强度以下的弱对比配色，会更能体现暖柔型人的华丽雍容。

9）净冷型的肤色。服饰用色明净鲜亮，在配色时采取高强度的对比配色，会更能体现净冷型人的干净锐利。

10）净暖型的肤色。服饰用色鲜明亮丽，在配色时采取高强度的对比配色，会更能体现净暖型人的明亮光鲜。

11）柔暖型的肤色。服饰用色温和，在配色时采取低强度的弱对比配色，会更能体现柔暖型人的高级感。

12）柔冷型的肤色。服饰用色柔和雅致，在配色时采取低强度的弱对比配色，会更能体现柔冷型人的瑰丽脱俗。

## 根据设计对象自然色的条件进行服装服饰形象设计的程序

### 步骤1：测试客人自然色特征。

请客人卸妆、洗脸后坐在自然光线充足的镜前，观察客人整个头面部的固有色特征，如果客人染过头发，就尽量把头发向脸后面夹起来，尽量露出发根，但不要用任何东西包裹头发。

用测试固有色特征的测试布依次测出固有色特征，再继续测出客人的色彩类型。

### 步骤2：了解客人日常用色习惯，以及职业特点、生活方式等。

向客人询问其平时喜欢什么颜色，从事何工作，休闲时间与工作时间的比例，工作时间是何种状态，比如是否经常出差、是否经常坐办公室、是否经常去工地等，这些都会影响顾问为其设计形象时的细节。

### 步骤3：结合上述条件给出常用色及根据个人特点的用色规律。

例如，A客人的色彩类型是深冷型，28岁，女性，公务员。她的用色指导如下：

适合浓重、艳丽的冷色调的颜色。结合她年轻的特点，所以在深冷的色板中可以避免用深配深的配色方法。采取深配浅，但也不能违背深色型的配色规律，所以不建议用浅配浅的方法。该客人的身份是公务员，公务员的职业形象要求端庄大方，所以尽量采用深冷色板中的大面积基础色与点缀装饰色的方法。

得知客人经常在办公室工作，所以正式的套装数量要多一些。

头发可以保持原本的黑发，如果要染色，也要染成深棕色系（见图2—2）。

饰品可以用丝巾，图2—3所示为可用丝巾的用色举例。

第 2 章 服装服饰设计与实施

图 2—2　A 客人的深发色图

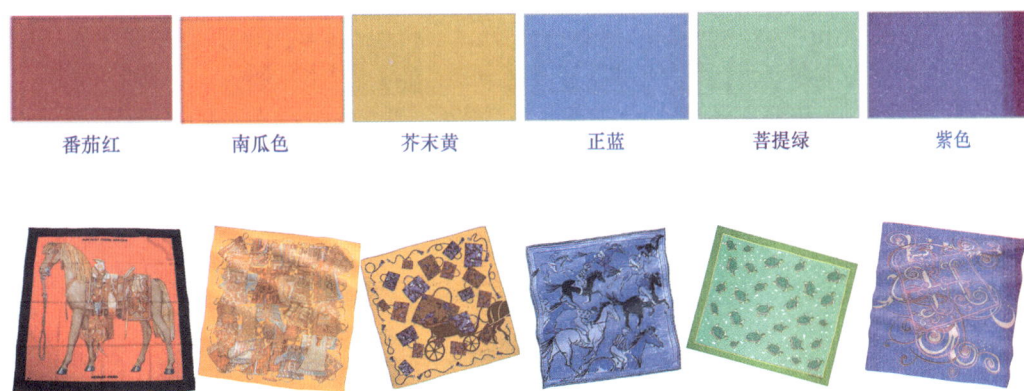

图 2—3　A 客人的丝巾用色及举例

　　耳环项链等选用小粒的珠宝，可以是赤金、紫金色的金属、琥珀、黄钻、黄珍珠、黑珍珠、玛瑙、玉等。

　　手表可以用深沉一些的黄金色，如用皮带，可以是棕色、黄色等。

　　鞋的颜色可以是黑色、咖啡色、米色、橄榄绿等。

**步骤 4：给出具体服装色彩搭配规律。**

　　图 2—4、图 2—5 所示分别为深冷型的用色规律及用色图示。

图2—4 深冷型的用色规律

图2—5 深冷型的用色图示

# 第 2 章 服装服饰设计与实施

图 2—6、图 2—7 所示分别为深暖型的用色规律及用色图示。

## 深暖型

| 柔白 | 象牙色 | 巧克力色 | 黑棕色 | 炭灰 | 黑色 |
| 樱草黄 | 米灰 | 灰褐色 | 铅锡色 | 翠绿 | 松绿 |
| 菩提绿 | 苔绿 | 凤尾草绿 | 松石绿 | 凫色 | 森林绿 |
| 矢车菊蓝 | 正蓝 | 深海军蓝 | 紫色 | 皇家紫 | 洋李紫 |
| 亮粉 | 猩红 | 正红 | 南蛇藤红 | 勃艮第酒红 | 茄紫 |
| 芥末黄 | 南瓜色 | 番茄红 | 红棕色 | 咖啡棕 | 冬青绿 |
| 驼色 | 金棕色 | 鲑肉色 | 鲑肉粉 | 铁锈红 | 橄榄绿 |

**商务场合**
咖啡色 + 芥茉黄

**休闲娱乐**
亮粉 + 南蛇藤红

**特殊场合**
菩提绿 + 橄榄绿

图 2—6 深暖型的用色规律

图 2—7 深暖型的用色图示

图2—8、图2—9所示分别为浅冷型的用色规律及用色图示。

图2—8 浅冷型的用色规律

图2—9 浅冷型的用色图示

第 2 章　服装服饰设计与实施

图 2—10、图 2—11 所示分别为浅暖型的用色规律及用色图示。

图 2—10　浅暖型的用色规律

图 2—11　浅暖型的用色图示

图 2—12、图 2—13 所示分别为冷亮型的用色规律及用色图示。

图 2—12 冷亮型的用色规律

图 2—13 冷亮型的用色图示

第 2 章 服装服饰设计与实施

图 2—14、图 2—15 所示分别为冷柔型的用色规律及用色图示。

图 2—14 冷柔型的用色规律

图 2—15 冷柔型的用色图示

图 2—16、图 2—17 所示分别为暖亮型的用色规律及用色图示。

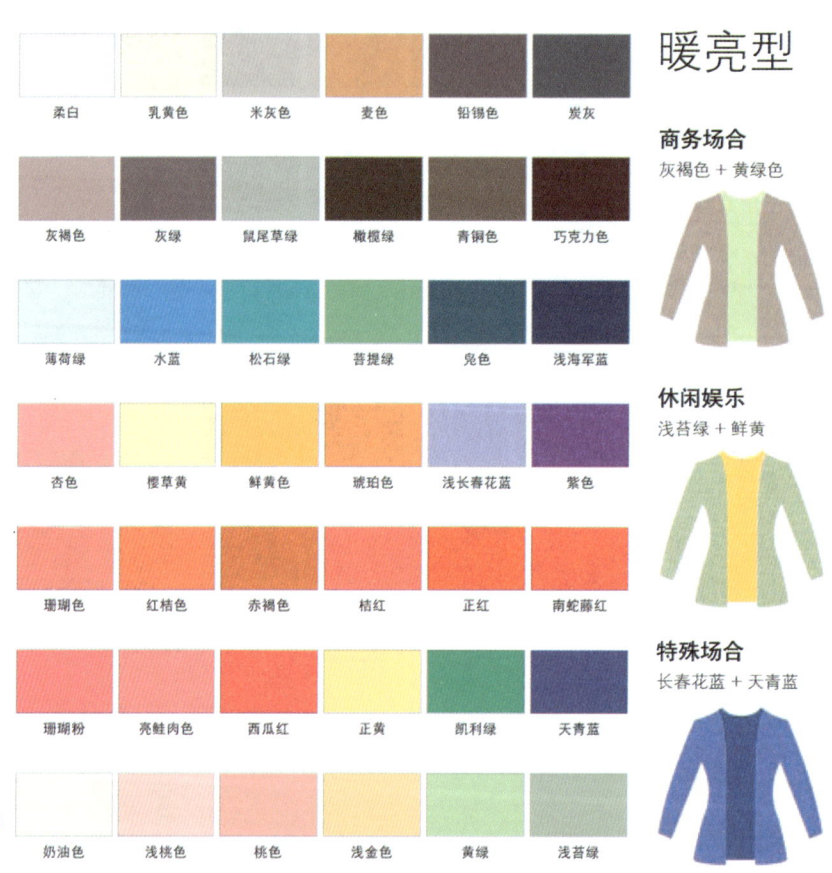

图 2—16 暖亮型的用色规律

图 2—17 暖亮型的用色图示

第 2 章 服装服饰设计与实施

图 2—18、图 2—19 所示分别为暖柔型的用色规律及用色图示。

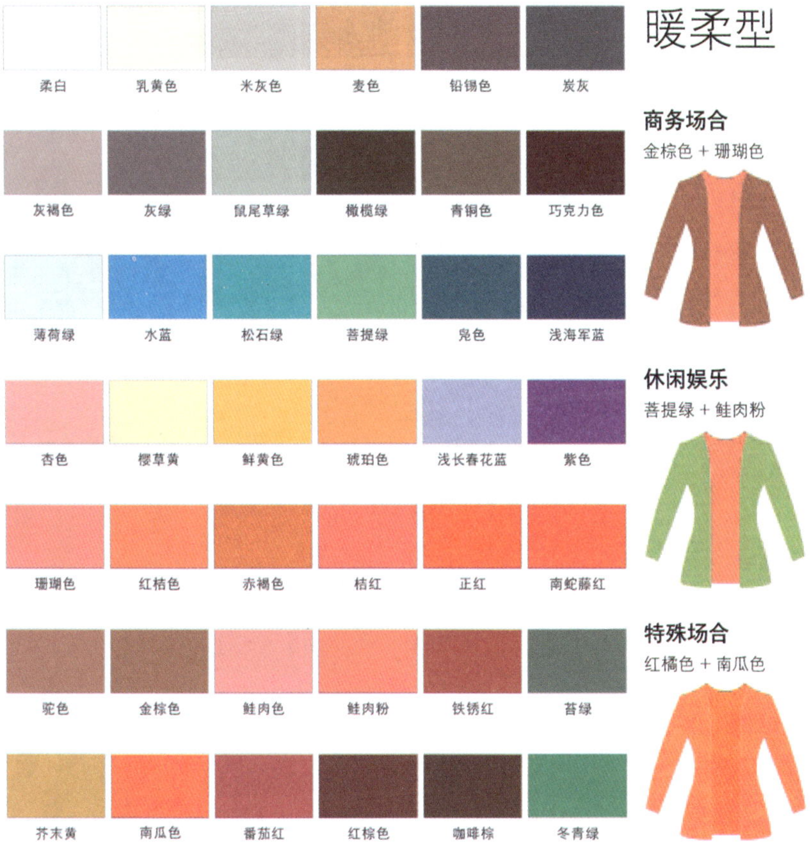

## 暖柔型

| 柔白 | 乳黄色 | 米灰色 | 麦色 | 铅锡色 | 炭灰 |
| 灰褐色 | 灰绿 | 鼠尾草绿 | 橄榄绿 | 青铜色 | 巧克力色 |
| 薄荷绿 | 水蓝 | 松石绿 | 菩提绿 | 凫色 | 浅海军蓝 |
| 杏色 | 樱草黄 | 鲜黄色 | 琥珀色 | 浅长春花蓝 | 紫色 |
| 珊瑚色 | 红桔色 | 赤褐色 | 桔红 | 正红 | 南蛇藤红 |
| 驼色 | 金棕色 | 鲑肉色 | 鲑肉粉 | 铁锈红 | 苔绿 |
| 芥末黄 | 南瓜色 | 番茄红 | 红棕色 | 咖啡棕 | 冬青绿 |

**商务场合**
金棕色 + 珊瑚色

**休闲娱乐**
菩提绿 + 鲑肉粉

**特殊场合**
红橘色 + 南瓜色

图 2—18 暖柔型的用色规律

图 2—19 暖柔型的用色图示

图 2—20、图 2—21 所示分别为净冷型的用色规律及用色图示。

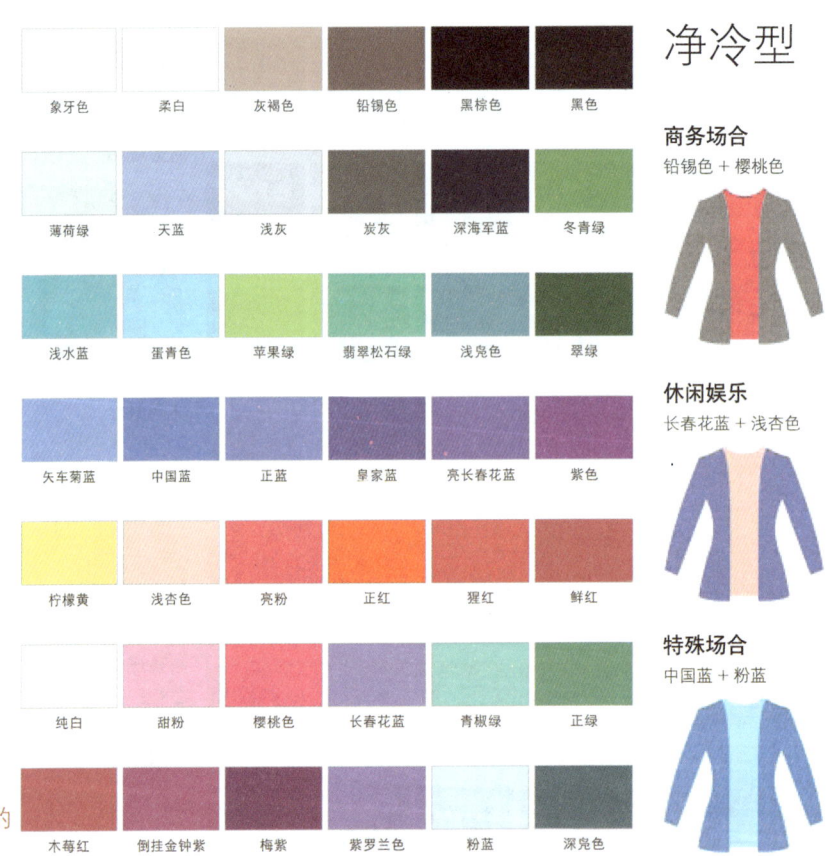

图 2—20 净冷型的用色规律

图 2—21 净冷型的用色图示

图 2—22、图 2—23 所示分别为净暖型的用色规律及用色图示。

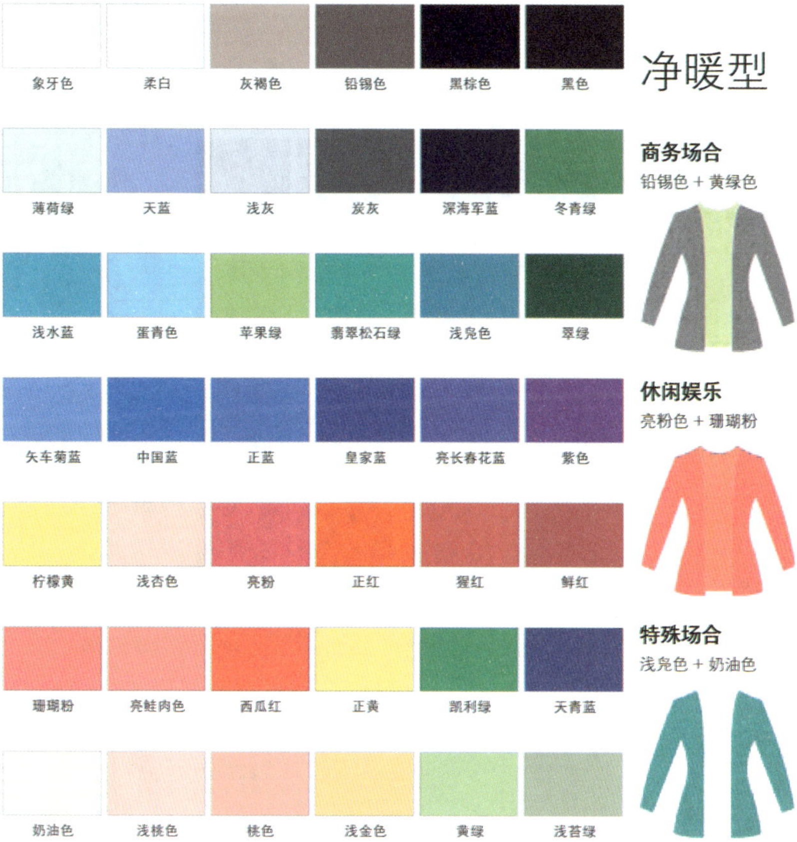

第 2 章 服装服饰设计与实施

净暖型

商务场合
铅锡色 + 黄绿色

休闲娱乐
亮粉色 + 珊瑚粉

特殊场合
浅兔色 + 奶油色

图 2—22 净暖型的用色规律

图 2—23 净暖型的用色图示

图 2—24、图 2—25 所示分别为柔冷型的用色规律及用色图示。

图 2—24 柔冷型的用色规律

图 2—25 柔冷型的用色图示

第 2 章 服装服饰设计与实施

图 2—26、图 2—27 所示分别为柔暖型的用色规律及用色图示。

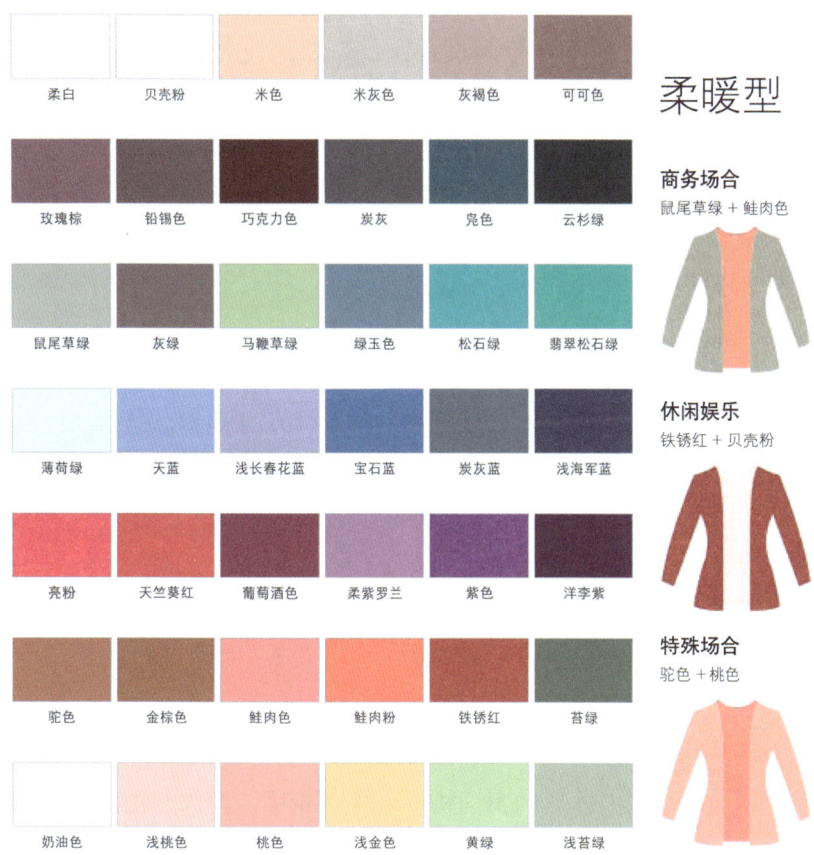

图 2—26 柔暖型的用色规律

图 2—27 柔暖型的用色图示

# 学习单元 2
# 根据设计对象自然形的条件进行日常服装服饰形象设计

**学习目标**

1. 了解体形、头形、脸形、肩形、胸形、臀形、腿形等人体自然形与服装服饰款式的关系。
2. 熟悉服装服饰款型的形象设计分类特点，及自然型条件分析程序。
3. 掌握根据自然型条件进行服装服饰形象设计的方法。

**知识要求**

## 1. 服装服饰款型的形象设计分类及特点

服装服饰的款型是根据人体形的不同构成、外部轮廓、内部结构以及局部结构设计而形成的，可以把这些款型根据不同的特点进行分类，以便更容易指导人们根据自己的体形穿衣。

### （1）女士服装服饰款型的形象设计分类

女士服饰款型的形象设计在女士服饰两种风格的基础上分为八大类，即直线的戏剧型、自然型、古典型、时尚型、少年型和曲线的浪漫型、优雅型、少女型。

1）戏剧型服饰风格（见图2—28）。不受面料限制，图案夸张、时尚的，带有锐利感，体现夸张的大开领、宽松袖、阔腿裤、大披肩等，适合时髦而夸张的饰品。

2）自然型服饰风格（见图2—29）。朴素、大方的面料，各种花色的格子及几何图案或民族类、动物纹图案，造型简练、简单大方、宽松、随意的棒针衫、T恤衫、牛仔裤、A字连衣裙、短裤等。适合造型质朴的、质地自然的或民族风格的饰物。

第 2 章 服装服饰设计与实施

图 2—28 戏剧型服饰特征

图 2—29 自然型服饰特征

3）古典型服饰风格（见图2—30）。高级的、精致的、有挺括感的面料，图案为方格、条纹、水点等小图形均匀排列，做工精良、剪裁精致而合体的服装，大小适中及精致的配饰等。

图2—30　古典型服饰特征

4）时尚型服饰风格（见图2—31）。当今流行的高新科技面料，清晰、对比、时尚化的条纹、格子、几何类图案，短小精悍、洒脱利落的服装，领、袖、扣等方面突出差异化设计。适合各种流行的、标新立异的饰物等。

图2—31　时尚型服饰特征

第 2 章 服装服饰设计与实施

5）少年型服饰风格（见图 2—32）。牛仔布、混纺类等有硬度、挺括的面料，直线型的、清晰或对比的格纹或几何类图案，以直线裁剪为主、短小干练帅气，适合别致的、跟随潮流的、直线感强的饰物等。

图 2—32　少年型服饰特征

6）浪漫型服饰风格（见图 2—33）。花卉图案，梦幻般的流线型图案，水点图案，有华丽感、光泽感的柔和面料，在细节上突出浪漫的、华美的、夸张的曲线裁剪。适合曲线、有光泽感、华丽夸张而女性化的饰物等。

图 2—33　浪漫型服饰特征

7）优雅型服饰风格（见图2—34）。柔和、轻盈的面料，流线感强的花朵、圆点类图案，偏曲线裁剪，雅致、上品、柔软、有飘逸感。适合精致高雅的、秀气而女人味十足的曲线造型饰物等。

图2—34　优雅型服饰特征

8）少女型服饰风格（见图2—35）。细条绒、碎花布、薄而软的羊毛和兔毛面料，纤细可爱的花朵、小圆点、小动物、蝴蝶结图案，曲线裁剪、短款、有动感、乖巧。适合纤细的、小巧的、玲珑剔透的饰品等。

图2—35　少女型服饰特征

第 2 章 服装服饰设计与实施

**（2）男士服装服饰款型的形象设计分类及特点**

男士服装服饰款型的形象设计分为以下五大类：

1）戏剧型服饰风格（见图 2—36）。宽大的、枪驳头领西装，大方领、大八字、大尖角领衬衫，醒目的大条纹、抽象图案的领带，光泽感好的面料，摩登现代的、醒目的饰物等。

图 2—36 戏剧型男士服饰特征

2）自然型服饰风格（见图 2—37）。H 型、造型简单大方的西装，方领、宽角领、有领尖扣的领型衬衫，几何形、条格、自然植物纹样的领带，造型简洁大方、不过多加装饰物等。

图 2—37 自然型男士服饰特征

3）古典型服饰风格（见图2—38）。做工精良、剪裁合体的传统样式西装，方领、标准领或牧师领衬衫，整齐、规则排列的几何形图案，精纺毛料、丝织物等面料，做工上乘、样式经典饰物等。

图2—38　古典型男士服饰特征

4）时尚型服饰风格（见图2—39）。小枪驳头、合体收身的西服套装，尖领、立领或不同于常规式样的衬衫，皮革、硬挺的化纤、闪光的、各种流行的高新科技面料，不规则条纹、格子、怪异的动物类、抽象几何图形等个性化图案，光泽感强、造型独特饰物等。

图2—39　时尚型男士服饰特征

5)浪漫型服饰风格(见图2—40)。垂感面料、做工上乘的西服套装,面料柔软的标准领、领扣领、立领、翼领的衬衫,花纹、涡旋纹等曲线感和华丽感图案,质地柔软、织纹细腻的面料,造型圆润、多装饰性的夸张、华丽的饰物等。

图2—40 浪漫型男士服饰特征

**(3)服饰细节特征**

1)服饰细节中的直线特征。图2—41所示为服饰细节中的一些直线特征,当身材偏直线时,尽可以采用此类服饰细节。

2)服饰细节中的曲线特征。图2—42所示为服饰细节中的一些曲线特征,当身材偏曲线时,尽可以采用此类服饰细节。

## 2. 人体自然形与服装服饰款式的关系

形象设计借助各种服装服饰风格能很好地为各种不同形体的人寻求到最佳的扮靓方案。日本服装心理学家的研究表明,48%的女性对自己的身材不满意,这些人都想通过一定的手段进行弥补,而服装是最好的媒介。

服装的色彩、内部结构、局部设计结构等都是可借鉴的视错觉要素,可以巧用色彩、分割线、袖、兜等局部设计要素,对人们的体形进行一定的修正。因此,要善于发现自己体形中所具有的魅力和不足,这样才能有的放矢地借助服饰进行美的形象塑造,才能在着装时和着装效果上有一个较高的境界。实际生活中,每个着装者不仅会按照"理想形体"去提高自己的构思境界,而且会根据自身的现实条件,去寻找一种可以实现的新理想形象。

图 2—41 服饰细节中的直线特征

图 2—42 服饰细节中的曲线特征

第 2 章　服装服饰设计与实施

**（1）体形与服装服饰款式的关系**

女性身材以 X 型为标准型，但绝大多数女性存在这样或那样的缺陷，尤其女性对于服装美感的重视程度比男性要大，因此，要学会利用线段、色彩、面积等视错觉因素修饰体形，使身材达到黄金比例，尽可能地趋向 X 型。

1）女性体形与服装服饰款式的关系

① X 型体形人（见图 2—43）。这种体形也俗称"沙漏型"，是一种匀称的体形。尤其对女性来说，这是经典的、理想的、标准的体形。由于匀称性体形是标准的体形，所以这样的人体曲线很优美，无论穿哪种款式的服饰都恰到好处。即使穿上最时髦、最大胆的时装色彩也能显得不出格。高级时装设计师就是以她们为假想对象来进行创作的，这样的腰型往往具有浪漫、活泼、高雅的风度。

对于体重合适的 X 型体形的人，在着装上强调身材，则会使其美好的曲线充分地显露出来。X 型体形的人若穿着 X 款式的服饰，会显得高贵典雅。

② V 型体形人（见图 2—44）。着装的关键在于上衣要选用有后退感的冷色调，多用纵向的线条修饰突出臀部和大腿，以达到与上身平衡的效果。上衣的选择不要过于肥大、宽松；羊毛衫前胸不宜绣花，衬衫前胸不宜装贴袋。上身不宜穿大摊领、泡泡袖等款式。可穿深色的男式领角衬衫，衬衫领要做得尖而窄；下身着淡色的多皱褶或细皱褶裙子，这样，会给人一种比例协调、潇洒怡人的感觉。另外选择合适的内衣，对胸部的线条进行修饰。

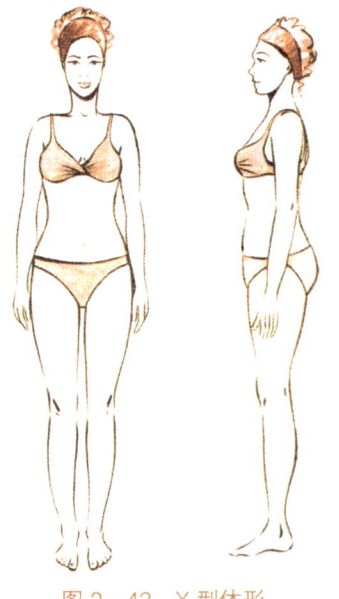

图 2—43　X 型体形

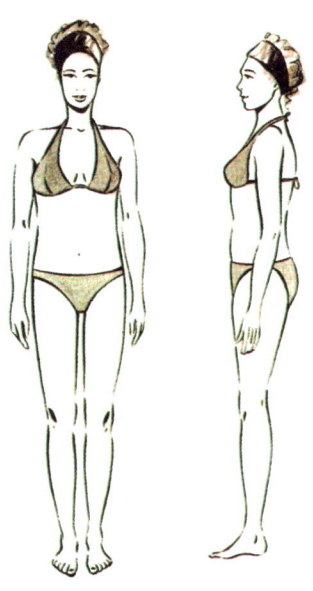

图 2—44　V 型体形

87

③ A 型体形人（见图 2—45、图 2—46）。服饰色彩的选用原则与 V 型体形的人大致相反。可采用较强烈的细节色彩，把装饰重点放在上身，穿着目的在于加宽肩部，使别人的视线从宽的臀部移开。因为上身和腰肢是这类体形中较为纤细之处，值得强调和突出。下身可选用线条柔和、质地厚薄均匀、色彩纯实偏深的长裙，上下身服饰色彩反差不宜过小，并扎上一条窄的皮带，这样就能避免别人视线下引，造成视觉体形上匀称的效果，或者下裙用较暗、单一色调（或深蓝裙子），配以色彩明亮、鲜艳的有膨胀感的上衣（如浅粉色上衣），就能达到收缩臀部而扩大胸部的视错效果，再加上领线处可挂大饰物以转移视线，这样就会显得体形优美丰满。合身的长裤可以对沉重的下身起到弱化效果，针织面料的长裤不是合适的选择。

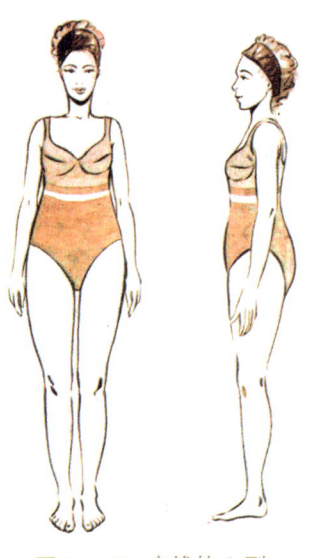
图 2—45　直线的 A 型

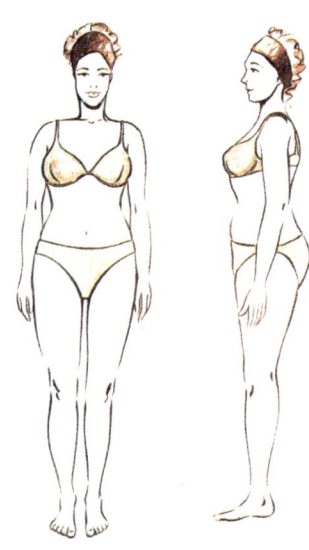
图 2—46　曲线的 A 型

④ H 型体形人（见图 2—47）。这种体形缺少"三围"的曲线变化，可采用色彩对比较强的直线条纹连衣裙，再加一根深色宽皮带，由对比强烈的直向线条造成的视觉差与深色的宽皮带造成的凝聚感，能消除没有腰身的感觉，从而给人以修身洒脱轻盈之感。在 H 型体形的人中，肥胖型的人胸围、腰围、臀围等横向宽度都较大，因而服饰长度也必须相应增加。全身细长的服饰色彩能改变肥胖笨拙的视觉体态，给人以丰满、成熟、洒脱的印象。不宜在腰线处使用跳跃、强烈的色彩，这样可以减少对腰部注意的视线。

如果腰腿修长美丽，可以穿两边开衩、前开衩或后开衩的长裙，中国的旗袍尤其适合这类体型的人穿着。如果制作考究，面料的颜色和图案也协调和谐，

那么肥胖型女性穿上一定丰满迷人,展现出独特的魅力。另外,不要穿蓬松的毛织外套、有厚实衬里的夹克和皮毛松软丰厚的裘皮大衣,否则只会增加笨拙臃肿的感觉。

⑤O型体形人(见图2—48)。O型身材可能属于超重的曲线沙漏型。O型的身材需要保持服装的宽松,千万不能穿紧身的衣服让线条毕露。要尽量避免突出腰围,应尽量突出肩部线条,这是体现各种风格的关键。上衣、夹克、裙子从肩部垂下的线条应该简洁而不贴身,切记不要穿戴有过多垂褶、质地太粗、图案太杂的服饰,否则会使你显得比实际上更肥大。垫肩对于平衡上下半身的比例有很大帮助,腰部的宽松是起码的要求,不定型的折褶使你能活动自如。

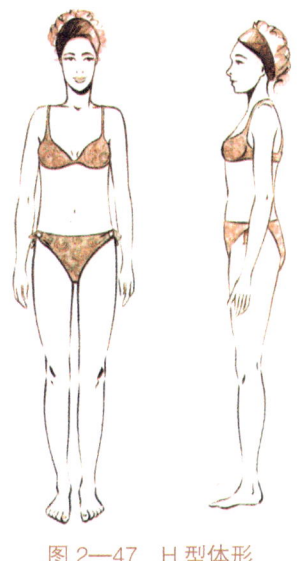

图2—47 H型体形

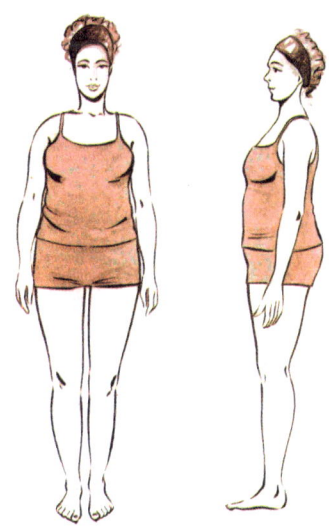

图2—48 O型体形

2)女性特殊体形的修饰

①过胖。这种体形不宜穿色彩太艳丽或大花纹、横纹等的服饰,否则会导致体形向横宽错视方面发展。肥胖体形的人适宜穿用深色、冷色小花纹、直线竖纹服饰以显得清瘦一些。色彩上忌上身深下身浅,否则会增加人体不稳定感。款式上切忌繁复,要力求简洁明了。过厚、过薄的面料都不是正确的选择。图2—49所示为过胖体形的正确与错误修饰。

②瘦高。这种体形宜穿横向纹及大方格、圆圈等的服饰,以视错觉来增加体形的纵长、清瘦感。同时可选用红、橙、黄等暖色的服饰,使之看上去或健壮一些,或丰满一些,或更匀称一些。不宜穿浅色竖条纹或小方格、单一性冷色或暗色的衣服。图2—50所示为瘦高体形的正确与错误修饰。

图2—49 过胖体形的正确与错误修饰

图2—50 瘦高体形的正确与错误修饰

③太矮。太矮的人，尽量少穿或不穿色彩过重或纯黑色的服饰，免得在视觉上造成缩小的感觉。在色彩搭配上要掌握两个基本要领，一是服饰色调以温和为佳，极深色与极度浅色都不好；二是上下装的色彩要相近。如果身着灰色服饰，配上一顶亮度大的帽子，可显得高一些，若配上亮度大的鞋、帽，反而显得更矮。这是"两头扩大""中间"收缩的缘故。也不要穿那些鲜艳大花图案和宽格条的服饰，应该挑选素静色和长条纹服饰。图2—51所示为太矮体形的正确与错误修饰。

图2—51 太矮体形的正确与错误修饰

④体形太大。这里所说的"体形太大"，指的是高度与宽度都超过标准体形的人，这种体形不一定肥胖，但量感很大。不宜穿着颜色浅且鲜艳的服饰，而且最好免去大花格布，应代之以小花隐纹面料，其目的主要是避免造成扩张感，以免使形体在视觉上显得更大。图2—52所示为体形太大的正确与错误修饰。

**（2）女性头形与服装服饰款式的关系**

1）头圆。是指正轮廓与外轮廓都比较圆的头形，圆润感比较强，头圆且大，具有成熟感，配合的服装应该具有成熟、浪漫之感。如果头圆且小，配合的服装

应该具有轻盈、可爱之感。头圆忌用直线硬朗的服饰来配合。图2—53所示为头圆的服饰正确与错误调整。

图2—52　体形太大的正确与错误修饰　　　　图2—53　头圆的服饰正确与错误调整

2）头扁。是指前后宽度比左右宽度窄的头形，看起来不够可爱，有压抑感。这种头形一方面要做头形的修饰，另一方面还要在服装上减少领口的视觉吸引力，以免会更加被注意。图2—54所示为头扁的服饰正确与错误调整。

3）头大。上衣不能太紧，也不能太膨松，特别是服装上部要与头形相配合。太紧的服装会显得头更大，而太蓬松的服装又增加了上半部的体积感。图2—55所示为头大的服饰正确与错误调整。

图2—54　头扁的服饰正确与错误调整　　　图2—55　头大的服饰正确与错误调整

4）头小。避免用过多的装饰、垫肩或膨松袖加强肩部的宽度与效果，尽可能增加胸部以下的服装效果，以避免注意过小的头。图2—56所示为头小的服饰正确与错误调整。

**（3）女性脸形与服装服饰款式的关系**

脸上的五官可借着化妆来修饰，但脸形的长短宽窄却不是那么容易能用化妆来改变的。最好的办法就是用衣领、耳饰、项链来美化。其中领子对脸形的影响最大，甚至左右着一袭服装的实际效果。

图2—56 头小的服饰正确与错误调整

1）椭圆形脸。这是最完美理想的脸形，通常称为瓜子脸，因为没有什么缺陷，不需加以掩饰，所以任何领子都适合。对饰品的选择也比较宽泛，只要保证所佩戴的首饰大小与脸形、身材相配就行。但如果佩戴中等长度的项链，会更加衬出脸的优美轮廓。如果是偏长的椭圆形脸，最好不要留披肩发，耳饰也应该用可使脸形加宽的耳环。图2—57所示为椭圆形脸的服饰正确与错误调整。

图2—57 椭圆形脸的服饰正确与错误调整

2）倒三角形脸。也被称为心形脸，上额宽大、下颚狭小，是理想的脸形之一，适合所有的领子。佩戴圆耳环或垂珠式大耳环来调节脸部轮廓，可增加脸部的宽阔感。尽量选精美、明快的耳饰，使人的视线横扫两侧，这样在视觉上会使脸显得宽一些。应采用视错觉加宽脸，使尖下巴不太突出。不适合佩戴有棱角状的饰品，不太适合佩戴耳环，应选择一些适合的珠宝发卡等。选择项链不宜太长，最好佩戴珠状的宝石项链。图2—58所示为倒三角形脸的服饰正确与错误调整。

图2—58　倒三角形脸的服饰正确与错误调整

3）三角形脸。类似梨形，下颚宽大、上额狭小，穿V字形的领子看起来脸形柔和些。三角形脸的下半部与方形脸有相似之处，所以耳饰与项链可参照方形脸来佩戴。图2—59所示为三角形脸的服饰正确与错误调整。

图2—59　三角形脸的服饰正确与错误调整

4）方形脸。方形脸大多属于宽大型，给人很强的角度感。如穿圆形衣领，反而突出了宽大的感觉，用U字形领口则可缓和这种脸形。方形而不显大的脸，很富有个性，所以应该强调个性美。方形脸的女性可选择戴较长一些的项链。选择耳饰时应避免佩戴棱角分明的饰物，而应选择一些圆润的耳环，以增加柔和感。图2—60所示为方形脸的服饰正确与错误调整。

图2—60　方形脸的服饰正确与错误调整

5）长方形脸。长方形脸的人梳刘海儿，可减少其长度感，适合船形领、方领、水平领。长方形脸显得个性倔强，缺乏通常人们所说的温柔感。适宜佩戴小巧玲珑的耳钉或狭长的耳坠，也可佩戴夸张的大耳坠来显示奔放的性格。可佩戴圆耳环或垂珠式大耳环来调节脸部轮廓，增加脸部的宽阔感。可尽量选精美、明快的耳饰，使人的视线横扫两侧，这样在视觉上使脸显得宽一些。图2—61所示为长方形脸的服饰正确与错误调整。

6）菱形脸。菱形脸尖锐狭长，其下颚上额皆显狭小，可利用刘海儿将上额遮盖住，将两鬓的头发梳得较蓬松，如此就可增加上额的宽度，使脸形形成逆三角形，衣领的选择也就没有限制了。这种脸形与倒三角形脸相似，在使用配饰时，可参照倒三角形脸。图2—62所示为菱形脸的服饰正确与错误调整。

7）圆形脸。这种脸形宽大、饱满，宜增加长度感，减少圆的感觉。以V字形的领口来缓和最为恰当。穿圆领口时，领口需大于脸形，脸形会显得较

第 2 章　服装服饰设计与实施

图 2—61　长方形脸的服饰正确与错误调整

图 2—62　菱形脸的服饰正确与错误调整

小。这就好像有两个大小相同的圆形，其中一个四周围绕着无数个小圆，中心那个圆，当然就被衬托得显大了。而另一个四周配置了差不多大的几个圆，就感觉不到中间这个圆有多大，这就是视觉上的错觉。所以大的方形脸、圆形脸一定避免穿紧贴颈子的衣领，领子要低些，且不能太狭小。矮瘦娇小的人，衣领不能太过于宽大，衣领大小与脸形比例务必协调。圆形脸的人不宜戴圆形耳环，那会使脸部显得过于丰满。最好采用垂珠式耳环，这样也能够增加脸的长度。如果戴胸针，不宜在中间，以免加重圆心的感觉。选择首饰时也应尽量避开圆形式样的，尽量佩戴一些长条形、三角形等有长度的饰物。图2—63所示为圆形脸的服饰正确与错误调整。

图2—63　圆形脸的服饰正确与错误调整

**（4）女性肩形与服装服饰款式的关系**

同一件衣服，穿在前者身上靓丽动人，而穿在后者身上却总感觉哪儿不对劲，这是因为除了脸形、个头、气质、身材以外，肩形也会让穿衣效果大不相同。或许此衣刚好能掩盖肩形的缺点，为你藏拙；又或许会让肩形的缺点更明显。不完美的肩形一般都可通过巧妙穿衣来加以掩饰。肩形一般可分为四种，下面分别介绍一下这四种肩形的区分方法及穿衣方法。

1）平肩。平肩又可分为宽肩和窄肩两种。宽肩指左右两肩宽距明显大于头宽的2.5倍，窄肩指左右两肩宽距明显小于头宽的2.5倍。

宽肩者应避免选择有太厚、太大垫肩、太多肩部装饰（如灯笼袖、罗马袖型等）的衣服；如果肩过于宽且平，应多选择垂直线条裁剪或开门襟的衣服；斜肩袖衣服值得多买几件；有修饰作用的装饰可以引开人的视线，所以是不错的选择。文胸的肩带要选择偏里侧的，这样会使乳房集中一些，使你的体形看上去更加苗条。但要注意别使乳房过于集中，乳沟太明显也不好。图2—64所示为宽平肩的服饰正确与错误调整。

第 2 章 服装服饰设计与实施

图 2—64　宽平肩的服饰正确与错误调整

　　窄肩者要特别避免穿合肩或紧身的衣服，质地不宜太软；无垫肩的衣服也不适合；可利用丝巾或披肩来修饰肩线；高领和圆领上衣能遮掩单薄的感觉；肩部有细褶的衣服能很好地修饰肩线。选择文胸时，可通过偏外侧肩带的文胸来使乳房向两侧扩展一些，这样可以使体形看上去舒展一些，但要注意使乳房最高点与前锁骨中部在一条线上。图 2—65 所示为窄平肩的服饰正确与错误调整。

　　2）削肩。左右两肩明显窄，而且下垂。长有一副"削肩"的女性大多上身瘦、薄，肩骨和胸前的肋骨均明显凸出。削肩者的肩部往往显得过于单薄，所以应避免穿材质过薄、过于贴身的衣服以及露肩的衣服；多选择肩部或袖子有装饰的衣服；圆领、有蝴蝶结或褶皱的上衣可转移视线。文胸肩带可选略靠外侧的设计，肩带宽度可以窄一些，这与单薄的肩膀比较相称。还可以选择中间位置的肩带设计，使乳房提升力稳定。需要注意的是，削肩体形要让肩带贴住上胸部，试穿时要看看肩带与身体间有无空隙。图 2—66 所示为削肩的服饰正确与错误调整。

　　3）垂肩。俗称柳肩，依水平线平视左右两肩点有明显下垂的现象即为垂肩。无论体形胖瘦都有可能是垂肩。垂肩者不宜选择无垫肩的衣服；窄袖、斜肩袖及合肩的衣服也不适合；如果体形瘦，可选择蓬袖来掩饰；有横线条剪裁或呈倒三角形的衣服最

图2—65 窄平肩的服饰正确与错误调整

适合；U形领衣服也较适合。垂肩的肩部坡度大，文胸的肩带很容易滑落，所以最好选择略宽一些的、背面有塑胶的、正好在前后锁骨交叉部位的。图2—67所示为垂肩的服饰正确与错误调整。

4）耸肩。依水平线平视左右两肩点，稍往前倾、高起，肩骨明显且微微凸出即为耸肩。耸肩者应避免穿边身袖、落肩袖及有剪裁线条的衣服；紧身或有太明显垫肩的衣服也不适合；由于此种肩形其左右肩骨会略往前倾，所以可利用薄型垫肩来修饰，有领的衣服也可以修饰这个缺点；U形领及有肩带的上衣都非常适合；海军领、连帽上衣也可以完美地修饰耸肩。图2—68所示为耸肩的服饰正确与错误调整。

**（5）女性胸型与服装服饰款式的关系**

1）胸部过小或无胸的女性。应选用质地轻薄、飘垂和宽松的上衣，色调宜淡不宜深、宜暖不宜冷，不宜穿紧身衣。上装若用鲜艳色调、

图2—66 削肩的服饰正确与错误调整

第 2 章 服装服饰设计与实施

图 2—67 垂肩的服饰正确与错误调整　　　　图 2—68 耸肩的服饰正确与错误调整

轻松色调的图案来装饰，前胸襟可以多一些褶皱、蕾丝花边等，这样可使胸部显得丰满些。选用集中型的文胸（3/4 罩杯），或略大一点的文胸，让胸部血液流通，加强它的活动空间，一方面它能使胸部集中，衬托出挺拔的曲线，另一方面也可以让乳房有更大的发展空间。图 2—69 所示为胸部过小的服饰正确与错误调整。

图 2—69 胸部过小的服饰正确与错误调整

2）胸部过大或丰满的女性。此种体态，宜穿宽松式上装和深色、冷色而单一的色彩，这样可使胸部显得小些，而且上装款式不宜繁复，以避免视觉停留。丰满的女性适合轻、薄、丝质面料的内衣，运用蕾丝、荷叶边装饰，体现女性的柔美和浪漫。薄的弹性面料是这类内衣的常用品，不仅使人舒适，而且不显累赘，使丰满体形具有现代时尚的风格。如果胸部有些下垂型，要选择比平时大一号的文胸，并尽量使用钢圈和侧部有加强功能的文胸，使之加强衬托，由下往上地给予支撑。图2—70所示为胸部过大的服饰正确与错误调整。

图2—70　胸部过大的服饰正确与错误调整

**（6）女性臀形与服装服饰款式的关系**

1）臀部过小、腿过细的女性。着装上，除不宜选用暴露体形的紧身裙或裤装外，更不宜选用深色面料的裙（裤），宜选用色彩素、浅、式样宽松的长裤或褶裙，这样可使之丰满一些。图2—71所示为臀部过小、腿过细的服饰正确与错误调整。

## 第2章 服装服饰设计与实施

2）臀部过大、腿过粗的女性。对于这种体形，尽量不要选用白色或强烈、鲜艳、暖色的裙（裤），也不宜穿上深下浅的服饰，不宜穿色彩过浅过亮的裙子、裤子，用色太纯、太暖、太亮易使面积扩大。

下身着装最好采用深色、冷色和简单款式，这样能使臀部显小，腿部显细，并使人减少对腿部的注意。图2—72所示为臀部过大、腿过粗的服饰正确与错误调整。

图2—71　臀部过小、腿过细的服饰正确与错误调整

图2—72　臀部过大、腿过粗的服饰正确与错误调整

**（7）女性腿形与服装服饰款式的关系**

1）腿部过短。腿部过短，就不宜穿色彩相差很大的上下装，以免将上身与下身截然分开，从而看上去显得更短，全身服饰色彩应力求统一、协调。

2）脚过大。如果女性脚过大，尽量选择与服饰色彩相近的鞋袜，可使脚显小，尤其色泽协调很重要。同时，不宜穿白色鞋袜，另外，肉色和米色最不引人注意。

**（8）男性自然形与服装服饰款式的关系**

男士也存在体形不够标准的问题。男士服装款式、色彩同样能对体形产生影响，可以修饰和美化各类体形。

1）肩形、臀形与服装服饰款式的关系。男士体形中最显著、最重要的特征就是肩与臀，肩宽、臀小是一个标准的男士体形，所以男士服装也基本上按照这个标准来设计。

①肩部大于臀部类型。这种类型的体态比较匀称，对服装服饰款式的适应性比较大。

②肩部与臀部相当类型。在服装上可用深色和水平线因素来增加重量感。

③肩部小于臀部类型。属于矮胖体形，面料纹样多选择垂直线型，并且需要比较平整的面料。款式上避免横向对称服饰线和纽扣的安排。选用细一点儿的皮带较合适。

④矮瘦平臀型。在服装上不宜太紧身，应在着装上有一定的宽松度。同时，切记不要有肥大的裤裆。宜选择有质感的面料，以增强视觉感。

⑤腿短且丰臀型。此种体形应多注意扣紧领部，增加些延伸感。多选择些条纹、格状上衣和细深皮带，可以转移别人的视线。同时，鞋类也应浅淡些。

⑥肩宽斜且手臂粗。如果男士肩部相对臀部来说太宽斜，需要增加腰部的宽度，如选择带盖的口袋来增加宽度，避免宽翻领或船形领。如果肩部还有些斜，可用些垫肩。

如果手臂粗短，可使袖口长度比原先长些，并且减小袖口翻折宽度。手上尽量不要有装饰物，这样会在视觉上使手臂显得长些。

⑦臀突且圆背。如果男士有突出的臀部和圆背，需要背部带有中心开叉的服装弥补或利用柔软的外套盖住臀部，这样看上去背部到臀部就平顺些。对于圆背，最好选择有色彩、质地粗的织物。

2）体形与服装服饰款式的关系。男士以肌肉为力量与健美的特征，但有一些特殊体形会影响这种力量的展现。

①肥胖体形。肥胖体形的男士在整体上有敦实之美，为了看上去苗条些，可以选择带有垂直线型的款式，使视觉上有延伸和狭窄感。面料纹样上带垂直性、紧密细腻感的织物是好的选择，避免款式上出现与肩部相对应的横线以及腰部宽松的式样。平整的肩部式样，V形领和竖式的配饰安排，能使重量轻一些。图2—73所示为男士肥胖体形的服饰正确与错误调整。

第 2 章 服装服饰设计与实施

图 2—73 男士肥胖体形的服饰正确与错误调整

②凸肚体形。凸肚体形的男士被认为是"将军肚",有一定的气魄。在选择外套时面料可以有些条纹,并且面料的质地和做工要精细。选用细一些的皮带,皮鞋宜用黑色,以增加下部重量。图 2—74 所示为男士凸肚体形的服饰正确与错误调整。

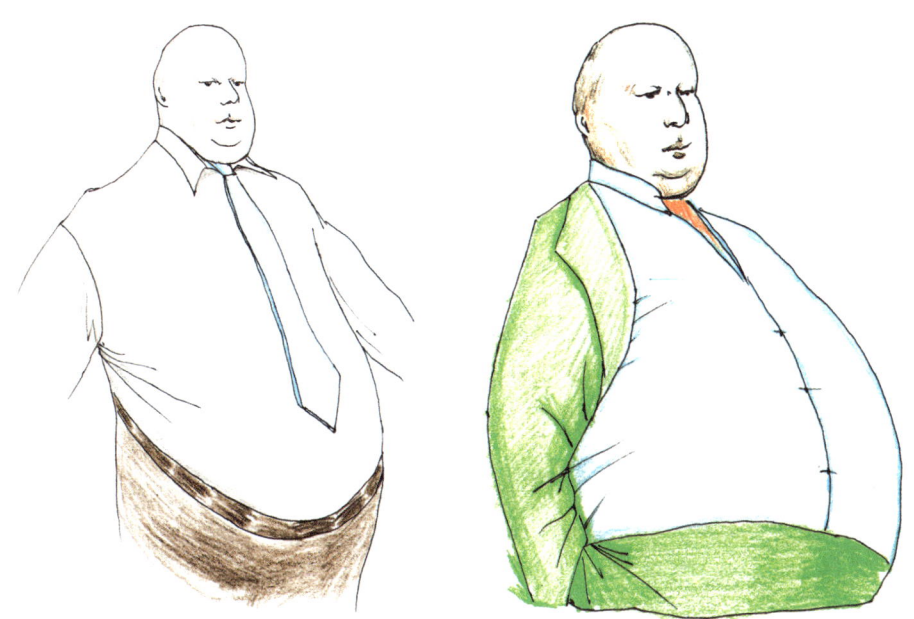

图 2—74 男士凸肚体形的服饰正确与错误调整

③脸大且脖短粗体形。男子的脖子短也并不是问题。假如有双下巴或者下颚部分碰到衣领，那么就需要对衣领做个调整，使其适合脖子。图2—75所示为男士脸大脖短粗体形的服饰正确与错误调整。

图2—75　男士脸大脖短粗体形的服饰正确与错误调整

3）腿形与服装服饰款式的关系。腿短而弯曲腿形的男士，要注重裤装与上衣的搭配关系。下装在色彩上应比上装淡些，面料宜带有毛质感。整体着装上不宜朝深色调发展。在款式上，上装变化宜多些，视线可集中在上部，如增加适量的配饰等。

总之，在服饰上不要一味生搬硬套，只有服装各类因素与自身相吻合，才是最重要的。

第 2 章 服装服饰设计与实施

## 根据设计对象自然型的条件进行服装服饰形象设计的程序

**步骤 1：测试客人的轮廓线是直是曲。**

看客人身形的直曲，即看整个躯干部分的线条轮廓是呈直线形的状态，还是呈曲线形的状态。直线会显得硬朗一些，曲线会显得柔和一些。

**步骤 2：测试客人的骨架是大是小。**

骨架偏大，整个人会略显成熟一些，骨架偏小会略显年轻一些。

**步骤 3：结合客人的个性来确定风格，并用测试衣来测试。**

看客人是否有除了上述风格结论不能涵盖的特点，如果有，则客人还会有一个偏风格。

通常直线风格偏曲线风格的人和曲线风格偏直线风格的人较为常见，单纯风格、直偏直风格、曲偏曲风格的人都很少见。图 2—76 所示为男士、女士风格的对照参考图。

**步骤 4：测量身线。**

测量身线的目的，是更好地指导客人用服饰来修饰身材，通过测量来掌握第一手数据。具体测量过程如下：

在墙上从地面起贴一张比客人身高略高，1 m 左右宽度的白纸。请客人穿紧身衣

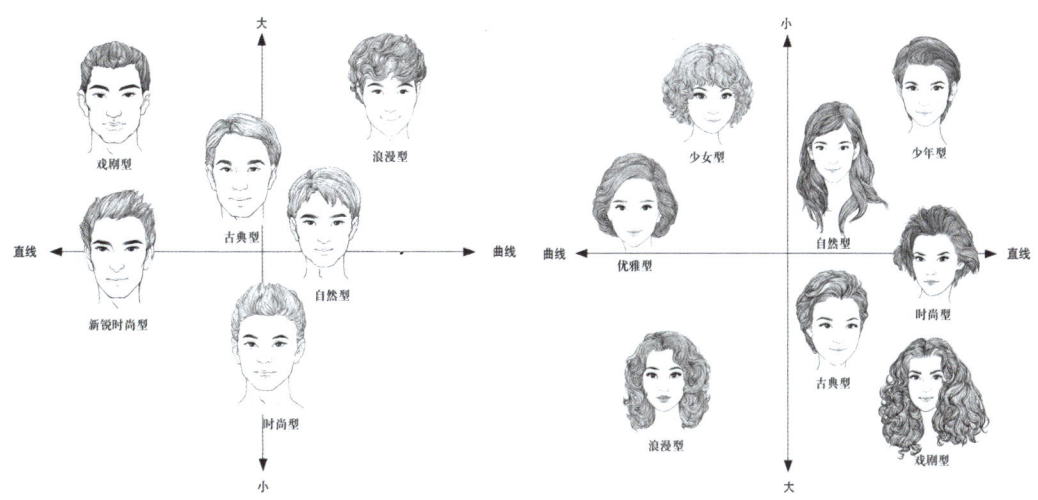

图 2—76 男士、女士风格的对照参考图

身线图

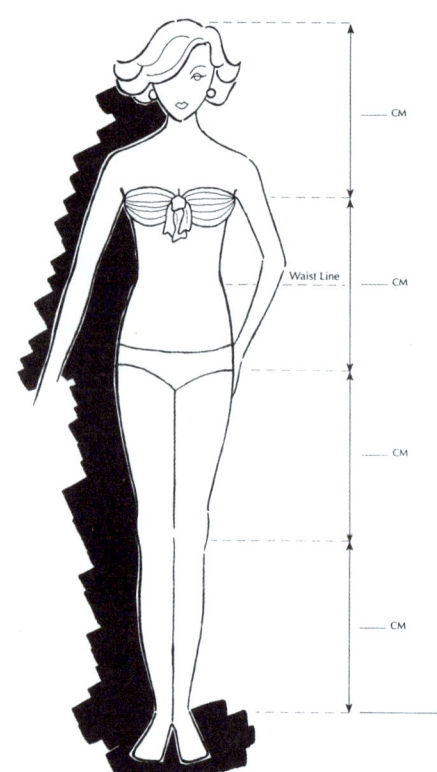

图 2—77 身线图

裤背贴白纸站好，从脚跟到头部都要贴紧。在以下各部位取点：头顶、两耳垂下端靠脖颈处、两侧肩颈连接处、两肩、两腋下、腰两侧、腹股沟延长线两端、膝盖两侧、小腿肚两侧。取好点后，请客人离开墙壁，然后用粗画线笔把各点连接成客人身形的投影轮廓，两肩处连线并测量宽度，即为肩宽；两胯端连线并测量宽度，即为胯宽；腋下连线；腰部连线；双膝点连线。

分别测量从头顶至腋下、从腋下至髋部、从髋部至膝盖、从膝盖至地面的长度，然后分别与身高 1/4 的长度相比，从而得出适合客人的衣长、裙长等尺寸以及丝巾、项链、腰带等饰品。

身形图例如图 2—77 所示。

**步骤 5：给出具体的设计建议。**

通常情况，每个人都是以下任意两种风格的综合体，也有极少数人属于单一风格。下面对于风格的文字介绍，是对风格的解析，通过这些细节从而形成对某一风格的整体印象，细节的描述并不要求必须在该种风格的服饰中全部体现出来。

## 1. 女士风格设计

### （1）少女型（见图 2—78）

图 2—78 少女型

1）整体风格。善良、可爱，一张娃娃脸使得比实际年龄看上去要年轻很多，带有某种纯真的特点，强调精巧、细腻的感觉。

2）细节特点

款式、剪裁：适合曲线版型，适合长度到小腿的连衣裙、喇叭裙、百褶裙（但

褶不能太大），适合大圆领、荷叶边、飘带、窄边装饰（要曲线的）、精致的小花边、蕾丝边，追求轻柔感。裙装比裤装更适合。即使进入中老年依然要借鉴上述一些元素。

面料：细棉质品、软质毛料、细呢料、窄灯芯绒、平绒、丝绒、苏格兰呢、真丝、纱，回避硬皮装、粗毛线衣等带有粗糙感的面料。

图案：小圆点、可爱的小花朵、细条纹、细格、中格、小碎花、小动物、卡通图案等。

3）不同场合着装

职业装：曲线款型的小套装，上衣最好为圆领、圆襟、兜袋边缘线为曲线型，袖、领扣处有蝴蝶结装饰，喇叭裙、百褶裙，可穿毛衣、开衫上班。

休闲装：小花布衣裙、圆领衬衣、碎花裙、有蕾丝装饰的轻柔的小毛衫、绣花小连衣裙，中老年人可穿丝质的小碎花裙。

晚装：小背心连下摆蓬开的裙装，但不要过长，过小腿肚就好。

4）配饰特点

饰品：小动物造型，平绒做的胸针、小蝴蝶结、心形项链、戒指、耳环，小而可爱、感觉易碎的东西，柔软的丝巾、纱巾。

鞋：中跟至平底鞋（可以是无后帮的）、小短靴、丁字皮鞋、圆头小皮鞋、带袢（脚背上有横跨带）的鞋、鞋口有小荷叶边，通常鞋面上都带有纤小的装饰。

帽子：小沿帽、小呢帽、小草帽，带有飘带和蝴蝶结等装饰，注意帽子大小要与脸形相配，一般不适合太大的帽子。

包：小巧可爱、质感柔软、心形、圆形的，不要过于生硬和棱角分明。

表：小圆形、小椭圆形，精致可爱。

风衣、大衣：短款、束腰、宽摆、圆领。

5）发型与化妆

发型：小卷发、小电话线式烫发、小辫子、娃娃头。

化妆：睫毛浓密、淡化眼影、强调嘴唇圆润、粉底不宜过厚，妆面柔和，以清淡为宜。

6）回避：老气、浓重、粗糙的东西。

图2—79所示为少女型女士的服饰特点。

图 2—79 少女型服饰特点(女士)

## （2）优雅型（见图2—80）

图2—80　优雅型

1）整体风格。带有较浓郁的小女人味，温柔、雅致、飘逸、文静、柔弱、精致。

2）细节特点

款式、剪裁：曲线剪裁，收腰，领、襟处边缘都呈曲线形，避免直角出现。不要用宽平的垫肩。适合有皱褶的装饰、蓬松的袖子、垂吊感的连衣长裙、飘逸的长裙（身材较丰满的人穿包身收口的连衣裙），即使身材不高也可以穿长裙，这是优雅型人的特点，但裙型必须包身收口（类似于旗袍裙）。

面料：纱、真丝、丝绒、羊绒、细呢、细毛料、兔毛、裘皮。回避卡其布、粗麻、粗灯芯绒等粗糙厚重的面料。

图案：水彩画式温柔、朦胧的图案，适合中等大小的花朵、稍大的水点，排列不均匀的、有凹凸感的、曲线型的。

3）不同场合着装

职业装：合身的西式套裙，领、襟、兜处的边缘线为曲线、西服驳头呈圆形，小圆领、无领的套装，短裙包身收口或小鱼尾短裙，上下装面料质地可不同（上硬下软），可穿连衣裙加外套上班。方领、尖领套装要配上丝巾破掉其尖锐感。

休闲装：有垂感的裤子（无裤线），两件套针织衫配长裙，重磅真丝料很适合，多用真丝类、薄纱的面料。

晚装：纱、丝质的长裙，蕾丝、荷叶边装饰。多选择柔软披肩、配饰花、细高跟鞋。

4）配饰特点

饰品：精巧的K金，颗粒偏小的珍珠，有垂吊感的饰物，吊坠耳环，水晶质品，玻璃质感的（透明、磨砂都可），纤细精致的表带，细皮带，柔软的丝巾。装饰物的大小要适中。

鞋：中至高跟的鞋，但鞋跟要精致，尖圆头的鞋、舞鞋、尼龙面鞋、中靴都适合，回避盖鞋、平跟鞋。

帽子：中沿帽、大沿帽、贝雷帽、兔毛的帽子和围巾。

包：精致的腋下挎包、小提包，皮质要软，造型柔和，不要有锋利的棱角，晚会包用丝绒小挎腕包。

表：中等大小的椭圆形表。

风衣、大衣：长款，腰部、肩部应贴身、合体。

5）发型与化妆

发型：短发、长发、中长发都可以，但卷发比直发好，不太夸张的波浪烫发、发髻。

化妆：干净、精致，强调眉的弧度，月牙弯眉、挑眉会很漂亮，不适合平眉，强调睫毛，眼睛画得要妩媚，适合描画唇线。

6）回避：粗糙、生硬、粗犷豪放的感觉。

图2—81所示为优雅型女士的服饰特点。

第 2 章 服装服饰设计与实施

图 2—81 优雅型服饰特点（女士）

（3）浪漫型（见图2—82）

图2—82　浪漫型

1）整体风格。妩媚、华丽、妖娆、有风情，有成熟女人的魅力。

2）细节特点

款式、剪裁：曲线版型，X型剪裁。包身裙、收腰的多褶皱连衣裙、鱼尾裙、喇叭裙（穿着者臀围要小）、大领子、大领口、垂吊大领、低胸服饰、肩部可以蓬松、灯笼袖口、荷叶边衬衣、裤子不带裤线，回避直筒裙、A字裙，穿线条硬朗的服装会显得很壮。

面料：凡是有华丽感的、高级的都可以，如有光泽的丝缎、羊绒、细呢、兔毛等，回避土布粗麻织物。

图案：华美的装饰图案，最适合大花、花边装饰、曲线感强的。

3）不同场合着装

职业装：强调曲线感觉，面料华丽，领、襟、兜处的边缘线为曲线形、西服驳头呈圆形，圆领、无领的套装，领口最好有荷叶边等装饰，短裙包身收口。方、尖领套装要配上丝巾破掉其尖锐感。丝绸衬衣、连衣裙都可，毛衣不适合。

休闲装：毛衣配长裙会非常漂亮，适合穿大花朵的九分裤、大领口的针织

衫等。

晚装：裙摆上可以有很多装饰的长裙、拖地长裙、鱼尾长裙，可多暴露皮肤，低胸露背。

4）配饰特点

饰品：很适合大花朵的装饰，夸张、华丽、精美的饰物，造型、线条要圆润，水滴形、心形的较好。

鞋：适合宽面尖头鞋、高跟鞋、舞鞋，鞋面上要有装饰，要用羊皮、牛皮、绸缎等精细高级的材料，回避生硬的线条和造型。

帽子：软质贝雷帽、带花边的大沿帽。

包：软质感的拎包、挎包，心形、圆形包。

表：椭圆形、精美成熟的花朵形。

风衣、大衣：圆肩，中长款。

5）发型与化妆

发型：长发、短发都可以，但一定是卷发。大波浪披肩发、烫过再盘发。圆形脸很适合烫卷之后再削短的卷发。

化妆：很适合华丽的妆容，强调眼线、睫毛、嘴唇的曲线。

6）回避：男性化、小孩子气、硬朗、粗糙、简朴的感觉。

图2—83所示为浪漫型女士的服饰特点。

图 2—83 浪漫型服饰特点(女士)

## （4）少年型（见图2—84）

图2—84 少年型

1）整体风格。活泼、帅气、干练、洒脱、简洁、清爽，作男性化打扮反而能衬托女性的魅力。

2）细节特点

款式、剪裁：直版型，直线剪裁，适合短上衣、夹克、小皮装、短裤、短裙，裤装比裙装更漂亮，衣服上可以有许多拉链、明兜、立领、多扣、明线做工。

面料：棉类、灯芯绒、薄毛料、中粗呢料、咔叽布（斜纹棉布）、毛绒布、编织细毛衣、各种皮装。

图案：清晰明朗，适合竖条、细格、有个性的图案、当季流行的、抽象的图案都可以，回避花朵的图案。

3）不同场合特点

职业装：多扣、小立领、小开领、短小精悍的西式套装，可以是裤套装。

休闲装：拉链衫、牛仔裤、运动装，多袢、多装饰，尤其是金属装饰。可用男式衬衫当睡衣穿。

晚装：简洁利落的吊带裙。非正式晚装可穿小马裤、衬衣配长领带，但要回避暴露过多的刻意的性感。

4）配饰特点

饰品：直线条的造型，人造首饰，水晶、玻璃、羽毛、皮绳、丝线、铁、钢等材质，保持走在流行前端，强调独特性。耳钉比吊坠、耳环好。

鞋：中性的、直线的，平跟鞋、中跟鞋、靴子，后跟相对来说要厚实、粗壮、粗犷。

帽子：棒球帽、礼帽、男式草帽、西部牛仔打扮、小头巾包头。

包：大小适中（如一本16开书的尺寸），休闲包可大些，造型有棱角，双肩背囊、帆布斜挎包很适合。

表：方形、长方形。

风衣、大衣：短款（膝盖以上到大腿中部或长至小腿），立领、明兜。

5）发型与化妆

发型：短发、长直发，但要符合当季流行潮流，不能烫大波浪的发型。

化妆：强调眼部，睫毛不宜很弯很翘，眼线要平直，中度眼影，不能过重，平直眉形，忌弯月牙眉，唇膏不能太浓。整体妆面要干练、清爽，不能强调曲线感觉。

6）回避：女性化、成熟、端庄、柔软的感觉。

图 2—85 所示为少年型女士的服饰特点。

图 2—85　少年型服饰特点（女士）

## （5）时尚型（见图2—86）

图2—86　时尚型

1）整体风格。时尚、摩登、特别、标新立异、高科技感、奇特、酷、生机勃勃，整体强调时尚独特、极具个性魅力的风格。时尚型也可以理解为普通型。

2）细节特点

款式、剪裁：直线打扮比曲线的好。剪裁锋利，有棱角。符合当年流行趋势，很适合裤装（直筒裤、喇叭裤等，但不适合西裤，带有钉饰、流苏或磨破等装饰的）、短夹克衫、强调民族感、复杂、有变化、不规则、不对称的。

面料：细、薄的织物，如丝绸、尼龙、呢、毛料、腈纶、化纤、带亮片织物、带金银丝的织物、皮装，回避粗糙质地和自然质地。

图案：紧跟时尚，当年流行的图案、有个性、造型独特、异想天开的，图案的切割很清晰。

3）不同场合着装

职业装：短小精干的套装，但领子、衣襟、兜袋等处一定要有变化，适合小小的西装领、翻领，配A字裙。

休闲装：当前较流行什么就穿什么，紧跟时尚风潮。

晚装：较紧身的衣裙，吊带长裙就很好，要有闪光点，例如亮片等装饰，带有高科技感的。

4）配饰特点

饰品：宜用简洁、直线条的、特别的几何图案、动物造型、用具造型，甚至骷髅、文身。

鞋：松糕鞋、夸张的方头鞋、当年流行的怪异鞋、长短靴都适合，最好不选择中靴。

帽子：棒球帽、小头巾包头、形状奇特甚至怪诞的帽子。

包：长带小背包、小手提包，可背双肩包上班（这也是前卫型独有的特点），质地不受限制，皮、布、绒、麻等面料都可以。

表：长方形或造型紧跟流行时尚。

风衣、大衣：短款、系腰带、竖领的，身材高挑的可以穿长至脚踝的款式，腰身要服帖。

5）发型与化妆

发型：符合时尚潮流的、夸张、最新潮的，如小麦穗、长直发、碎发、非洲式小辫、短发、长发都可，染发时可以五颜六色。

化妆：眼睛、嘴唇作重点强调化妆，

适合美甲，指甲尖端略呈方形会很适合。

6）回避：过时的、土气的、过于端庄保守的东西，回避过分女人味和端庄成熟感。

图2—87所示为时尚型女士的服饰特点。

图2—87 时尚型服饰特点（女士）

## （6）古典型（见图2—88）

图2—88 古典型

1）整体风格。端庄、稳重、精致、严谨、高贵、脱俗、传统、上品、经典、都市化。

2）细节特点

款式、剪裁：穿戴要体现一种都市化、华贵、精致、高级的感觉，但又不能太夸张。合体的直线剪裁，腰不要收得过紧，但必须收腰。

面料：追求细腻、精致、高级、上品的感觉，丝、缎、天鹅绒、羊绒、精细羊毛、纯毛、细毛料、精纺呢、裘皮等，不适合土布粗麻等粗糙的东西。

图案：小而细腻的几何形图案、小条纹、小格子、犬牙格、千鸟纹、人字呢纹。

3）不同场合着装

职业装：合体的套装，小西装领、无领的（领口不要太圆，一字形的，略方的），且要配围巾或项链等装饰。青果领、荷叶边一般都不合适。双排扣上衣（不能太长）、连衣裙（要直身收腰的，太飘逸的不好）加外衣，西装裙、一步短裙、一步长裙，但要回避超短裙、包身裙、A字裙，领不能过大，适合方领、尖领衬衫、小V领，适合西裤、直筒裤，要挺括、有裤线的，马夹套裙、三件套裙、短西裙套装最好。古典型人服装款型较少，可用颜色来弥补。特适合窄边装饰，穿军装会很漂亮。

休闲装：简洁的连衣裙、两粒扣直线领或 V 字领的西装配西装短裙，尺寸可宽松些，西式套装配衬衣，领口结丝巾会非常漂亮，不要有拘束感，西装宜敞开扣子穿；裤套装也很适合，宽腿的细麻料、细呢料的长裤把衬衣束在裤腰里面。有扣、翻领 T 恤，小方领、小尖领男式衬衫，有领 T 恤、有垂感的西裤，多借鉴当季流行元素，不适合穿拉链的、运动衫类的等太过随意的衣服。

晚装：面料不能太软，高档、精致、简洁，可用披肩、外套，不太适合过于暴露。

4）配饰特点

饰品：珍珠、白金、黄金、钻石、宝石、玉等看起来贵重的饰品，耳环很重要，一分钱硬币大小的耳扣很适合。

鞋：中至高跟船鞋、盖鞋（配裤穿）、中跟小短靴，长靴不太适合，前后露空的凉鞋，质地为羊皮、牛皮、鳄鱼皮、绸缎等精细的材料，不适合呢龙面料的鞋。

帽子：窄沿帽、小圆顶帽，不适合贝雷帽。

包：单带坤包、腋下肩挎包、手提包、公文包、挎腕小包，造型要直线条、挺括的。

表：正圆形表。

风衣、大衣：长度适中（到小腿中部），列宁服，双排扣小方领。

5）发型与化妆

发型：以直发为主，短发、中发都可，盘发，发型严谨、高贵、一丝不乱。

化妆：要求精致的淡妆，眼影、眼线只要适度，不要过分，强调口红，突出五官轮廓。

6）回避：怪异的、粗糙的、廉价的、厚重的、过于性感的、小孩子气的东西。

图 2—89 所示为古典型女士的服饰特点。

第 2 章 服装服饰设计与实施

古典型
女士服装服饰款式

图 2—89 古典型服饰特点（女士）

（7）自然型（见图2—90）

图2—90　自然型

1）整体风格。大方、洒脱、干练、纯朴、随和，异域风情、民族风情，可以把休闲装穿得很潇洒。

2）细节特点

款式、剪裁：直线剪裁、几何形造型，细节越简单越好，衣服可比自己的身材大一号，领口不要严谨，适合大西装领、大V字领，两粒扣、方的、尖的翻领，拉链衫，腰不能收得过于曲线，适合穿直筒裤、宽腿裤（不夸张的），A字长裙，直筒吊带长裙、自然乡村风格长裙、喇叭长裙（不能太飘逸）、中长裙，总体说长裙比短裙好，但不能过于女性化，越简洁、越中性的服装越能体现自然型女士的女性味道。

面料：无光泽感的丝绸、缎类、棉、麻、粗毛线、混纺、腈纶、尼龙、布围巾、软棉绒布、灯芯绒、粗呢、粗毛料、人字呢、翻毛的、磨砂皮、鹿皮、猪皮。

图案：大格子、条纹、大宽条、豹纹、野兽皮纹、民族风情的、蜡染、扎染、大印花、铜钱花纹、来自大自然的图纹（如叶子、山脉肌理等）。

3）不同场合着装

职业装：两粒扣直线领或V字领的西装配西装短裙，尺寸可稍宽松，西装宜敞开扣子穿，西式套装配衬衣，领口结丝巾会非常漂亮。不要有拘束感，裤套装也很适合，宽腿的麻料、细呢料的长裤把衬衣束在裤腰里面。

休闲装：长裙、短裙都可，喇叭裙，七分裤、牛仔裤、短裤、紧腿裤，套头衫、圆领衫、T恤衫、运动衫、男式衬衫，棒针编织衫，具有民族风情的，带大明兜的服装。但总体感觉不能太夸张、华丽。

晚装：线条简洁的吊带长裙，如果身材偏丰满的话，可加长条披肩。

4）配饰特点

饰品：石头、木类、铁、铜、贝壳（别致的）、草编、皮绳、松石、暗色的琥珀、玳瑁、陶瓷的、玻璃的、皮腕带、藏饰等，造型应简洁。

鞋：平跟、坡跟、中跟，后跟较宽的、草编的、鞋带绑在脚踝上的、短靴、长靴、软皮鞋、翻皮鞋、靴筒堆积很多皱褶。

帽子：棒球帽，草帽，半宽沿帽，牛仔帽，小方巾、小手帕扎头发。

包：大包、马桶包、双带肩挎包、背囊、藤包、草包、布包、腰包，不适合小斜挎包、手包（大钱包类）。

表：大的长方形、方形、圆形表。

风衣、大衣：长大、宽松、直线条、带肩章的、双排扣的，不需束腰，只把腰带挂在身后，格子大衣。适合手放在裤兜里。

5）发型与化妆

发型：直发（卷发会显老），长发、短发均可，碎发。

化妆：淡妆，不能用浓妆来强调五官，口红的颜色选择很重要，不大适合描画唇线。

6）回避：过分可爱的、拘束的、小气的、古板的、前卫的感觉。

图2—91所示为自然型女士的服饰特点。

图 2—91 自然型服饰特点（女士）

## （8）戏剧型（见图 2—92）

图 2—92　戏剧型

1）整体风格。大气、夸张、醒目、张扬、华丽、视觉冲击力强、存在感强。

2）细节特点

款式、剪裁：直线版型的衣服，但细节处直线、曲线裁剪都适合。宜穿线条笔直、锋利的外套，紧身衣，皱褶很多的连衣裙，大枪驳头西装，大 V 字领、特大领、一粒扣的服装，比自己的型号大 1 号、大 2 号的都行，束腰的、泡泡袖（肩）、荷叶袖、大方领、大蝴蝶结、带垫肩、高裙衩、宽腰带、宽腿裤、大喇叭裤、紧腿裤等夸张、华丽的打扮都能衬托戏剧型人出众的气质。直曲对戏剧型人来说要求并不严格。

面料：丝类、缎类、纱类、丝绒、平绒、羊绒、棉制品、哔叽、毛料、呢料、羊皮、裘皮、鳄鱼皮、麻、厚呢、粗棉、灯芯绒，金、银丝织物，亮片织物，闪亮的、有金属感觉的、高科技感觉的，粗皮类、磨砂皮、粗毛线等。

图案：大胆、分明、对比强烈、几何图案、块面分割的、等距的、宽条纹的、大格子的、大绣花图案。

3）不同场合着装

职业装：大西装领、双排扣、大 V 字领、一粒扣的、无扣的上装，裙套装、直线裁剪的衬衣、男式衬衣、男式 T 恤、背带西裤套装、男装裤套装。

休闲装：小超短裙、长裙、大喇叭裙、紧腿裤，棉质、丝质衬衫，可很厚，也可很薄，棒针编织衫，可以打扮得很出众，质地或款式至少有一个是夸张的。

晚装：华丽的晚礼服、袒胸露背的长裙、紧身鱼尾裙、蓬松的多层次的长裙。大量的首饰，式样夸张的饰品，大珠子的项链、大耳环等。

4）配饰特点

饰品：戒指、耳环、手镯、项链、胸花等要大、奇特、怪异、抽象、几何造型、字母组成的，宽大的手表，大扣子，大量装饰扣，带有民族风味、异国情调的饰品。

鞋：极高、极细的高跟鞋，平底鞋，长靴子，式样要夸张、别致。

帽子：大沿帽，棒球帽，礼帽，丝头巾、小方巾系在脑后。

包：坚实的牛皮包、公文包、长带大包、小手包，布、麻的大时装包、背囊，但要回避腋下肩挎包。

表：关键在于尺寸要大。

风衣、大衣：长大的款型，束腰的、下摆宽大、带肩章、后背带披肩的。

5）发型与化妆

发型：长直发、大波浪、爆炸式的、服帖光滑的发髻，甚至光头、板寸等极端的造型。

化妆：突出个性，高挑眉、浓眼影、强调睫毛浓密，唇膏颜色饱和。

6）回避：小孩子气的、可爱的、小气的、中庸的、土气、小家子气的感觉。

图2—93所示为戏剧型女士的服饰特点。

第 2 章 服装服饰设计与实施

戏剧型
女士服装服饰款式

图 2—93 戏剧型服饰特点（女士）

## 2. 男士风格设计

（1）戏剧型（见图2—94）

图2—94 戏剧型

西装：欧式T、Y型宽大西装，枪驳头领、大领口、双排扣、长方形等。

衬衫：大方领、大八字、大尖角领衬衫等。

领带：醒目的大条纹，抽象的、非写实类图案领带。

休闲装：宽松、长款的大外套，棒针毛衣，夸张的格呢外套，大气时尚的流行款式。

质地：光泽感好的面料、软硬均可。休闲时用粗纺面料，秋冬可用各种高档皮革。

图案：几何、大型花朵、抽象类、动物皮类、人物等醒目、分明的图案。

鞋、包及饰物：鞋、包可选择摩登现代的款式，鞋、包上可有醒目的装饰。适合选择独特、醒目、装饰性感的饰物，如奇特的、大码的皮带扣，大手表，图案奇特的领带。

发型：适合时尚而夸张的发型，如背头或长发、发辫等。

色彩：无论哪种类型都适合选择自己色彩群中较饱和、有视觉冲击力的色彩。适合强烈对比搭配。

回避：平凡、老实、小气的装扮风格。

图2—95所示为戏剧型男士的服饰特点。

第 2 章 服装服饰设计与实施

戏剧型
男士服装服饰款式

图 2—95 戏剧型服饰特点（男士）

### （2）自然型（见图2—96）

图2—96 自然型

西装：美式H型或造型简单大方的西装，适合敞开领口衣扣穿着或上下分身搭配穿着。

衬衫：方领、宽角领、有领尖扣的领型衬衫。

领带：几何形、条格、自然植物纹样、不规则的圆点、俱乐部式图案的领带。

休闲装：宽松的风衣、大衣；比身材大一号的休闲西服，不带过多装饰。

质地：质感天然、无强烈光泽的面料，如棉、麻、粗呢、牛仔布、条绒、天然皮草等。

图案：条纹、方格、几何、民族图案、植物纹样、自然风光等。

鞋、包及饰物：造型简洁大方、皮质天然、柔软舒适的鞋类；皮质、牛仔或布质的包；造型简单、不过多装饰、带有异国风情的饰物等。

发型：线条流畅或带有运动感的发型，可留长发。

色彩：选择适合自己的色彩群中柔和倾向的色彩。

回避：过于华丽或标新立异的服饰风格。

图2—97所示为自然型男士的服饰特点。

第 2 章　服装服饰设计与实施

自然型
男士服装服饰款式

图 2—97　自然型服饰特点（男士）

（3）古典型（见图2—98）

图2—98　古典型

西装：英式或其他做工精良、剪裁合体的传统样式西装，宜穿三件套西装。

衬衫：方领、标准领或牧师领衬衫。

领带：整齐、规则排列的几何形图案。

休闲装：面料精致与做工考究的休闲装，如有领的T恤或衬衫类、合体的翻领外套等。

质地：挺括的精纺毛料、丝织物、针织物和细腻的软皮革等。

图案：规则排列的条纹、格纹、水点等几何图案。

鞋、包及饰物：皮质精良、做工上乘、样式经典的鞋类，方正、大小适中的公文包，精致而有高贵感的饰物等。

发型：规矩整齐的三七或四六分发型。

色彩：宜选择适合自己色彩群中理性倾向的色彩，如深蓝、蓝灰、灰色、米色、驼色等。

回避：过于个性另类、夸张醒目或随意粗糙的装扮风格。

图2—99所示为古典型男士的服饰特点。

第 2 章　服装服饰设计与实施

图 2—99　古典型服饰特点（男士）

## （4）浪漫型（见图 2—100）

图 2—100 浪漫型

西装：垂感面料、做工上乘的西服套装。

衬衫：面料柔软的标准领、领扣领、立领、翼领的衬衫。

领带：花纹、涡旋纹等曲线感和华丽感图案的领带。

休闲装：质地柔软的休闲西服，织纹细腻、柔软的高领毛衣，面料垂感好的长裤等。

质地：真丝、丝棉、精纺呢、羊绒、光泽感强、柔软而华丽的质地。

图案：水波纹、花朵、水点等曲线感强的图案。

鞋、包及饰物：造型圆润、多装饰性的鞋，拼皮及小孔装饰、皮质柔软的鞋；有华丽扣饰的包；夸张、华丽的饰物等。

发型：柔软而翩翩舞动的发型，偏长发造型或卷发造型。

色彩：选择适合自己色彩群中较为饱和、华丽，但不过分深暗的色彩。

回避：过于随意粗糙、另类个性的服饰风格。

图 2—101 所示为浪漫型男士的服饰特点。

第 2 章 服装服饰设计与实施

图 2—101 浪漫型服饰特点（男士）

浪漫型
男士服装服饰款式

（5）时尚型（见图2—102）

图2—102　时尚型

西装：小枪驳头、多粒扣、小领口、合体收身的西服套装。在领、袖、扣、图案等细节部分表现当季流行。

衬衫：尖领、立领或不同于常规式样的衬衫。

领带：个性化、时尚的领带。

休闲装：流行的、个性化强的、另类时尚的、引领潮流的休闲装。

质地：皮革、硬挺的化纤、闪光的、各种流行的高新科技面料。

图案：不规则条纹、格子、怪异的动物类、抽象几何图形等个性化图案。

鞋、包及饰物：光泽感强、造型独特的鞋和公文包；造型怪异的、时尚感强的饰品。

发型：个性化、与众不同的发色、发型。

色彩：适合自己色彩群中最具时尚、前卫感的色彩。善于使用无彩色和金属色。

回避：平淡、中庸、不流行、华丽、正统的服饰风格。

图2—103所示为时尚型男士的服饰特点。

第 2 章 服装服饰设计与实施

**时尚型**
男士服装服饰款式

图 2—103 时尚型服饰特点（男士）

# 第 2 节 实施

## 学习单元 1
## 日常服装服饰色彩搭配技法及运用

**学习目标**

1. 了解流行色与形象设计的关系。
2. 熟悉日常服装服饰色彩搭配程序。
3. 掌握日常服装服饰的配色方法。

**知识要求**

### 1. 日常服装服饰的配色方法

面对自然界万物中的七万多种色彩，每一个人的皮肤类型专属色就有一万多种，所以学好配色及做好配色工作至关重要。

初学者可以掌握简单的配色原则，就是冷与冷、暖与暖的搭配，明度接近的搭配，纯度接近的搭配，这样就会产生和谐美。当然，在配色过程中也经常会有明度相差很大的搭配情景，这并不违反其原则，我们将在下面有更详细的解释。另外，在搭配时，彩度的搭配也会有很多变化。其实在实际运用中有许

多规律的存在,只有熟练掌握,才能将其较为熟练和灵活地运用到形象设计中。

无论哪一种皮肤自然色特征,在使用色彩搭配时,都要尽可能不让全身的颜色超过三种。不然就成了花蝴蝶,给别人眼花缭乱的感觉。

具体的搭配可以掌握以下几个方面:

**(1)颜色搭配原则**

冷色+冷色,暖色+暖色,冷色+中间色,暖色+中间色,中间色+中间色,纯色+纯色,净色(纯色)+杂色,纯色+图案。

**(2)颜色搭配禁忌**

冷色+暖色,亮色+亮色,暗色+暗色,杂色+杂色,图案+图案。

**(3)服饰色彩的搭配方法及表现**

上深下浅:端庄、大方、恬静、严肃。

上浅下深:明快、活泼、开朗、自信。

突出上衣时:裤装颜色要比上衣稍深。

突出裤装时:上衣颜色要比裤装稍深。

绿色颜色难搭配,在服装搭配中可与咖啡色搭配在一起。

上衣有横向花纹时,裤装不能穿竖条纹的或格子的。

上衣有竖纹花型,裤装应避开横条纹或格子。

上衣是杂色时,裤装应穿纯色。

裤装是杂色时,上衣应避开杂色。

上衣花型较大或复杂时,应穿纯色裤装。

中间色的纯色与纯色搭配时,应辅以小饰物进行搭配。

**(4)色彩配置**

色彩的变化是无穷的,面积大小、环境的不同以及一色与他色的对比等,都会令其产生不同的效果。形象色彩的配置具有自己的特点。

1)色彩配置的整体和谐。并不是单一色彩才会产生统一和谐,相反,它更应该追求色彩的多样化,充分展示色彩的特性。形象设计配色就是要用多种色彩语言汇成完整的篇章。将丰富多彩的效果统一在和谐的整体设计之中，是形象设计色彩配置的关键。和谐就是指两种或两种以上的色彩形成的整体效果令人愉快的组合。色彩通过不同方式的配置，可以产生多种效果。设计者要力求色彩丰富，而这与色彩配置所处环境又是分不开的。

形象设计配色需要有一个完整的设计构思。需要考虑设计对象的皮肤属性，在此基础上还应考虑头发造型、化妆用色、服饰用色，并进行一起构思。色彩配置在形象设计中十分关键，形象的整体效果有很大一部分因素要取决于它。色彩、造型、风格是相互制约、相互服务的三个组成部分，它们的关系是不可分割的，因为这三个组成部分中的每一部分都会分别以自身的力量使其他部分的效果变的更为突出。

形象设计的色彩配置，要考虑每一个细小局部的色彩，如化妆的色彩，纽扣的色彩，乃至指甲油的色彩等，都要协调配置。任何微小的疏忽，都可能会导致整体的不协调，甚至破坏最后的整体效果。如全身整体以暖色为主，那么可加一点冷色。如果大面积冷色，配有大面积暖色，整体上就会给人不和谐之感。因此，形象设计配色整体的含义包括两个方面：一是指设计对象皮肤色彩及服饰用色在设计构思时的整体性，二是指在具体配色时每个局部色彩的整体性。整体是配色的基础，是决定配色是否成功的根本。

2）色彩配置的主调。形象设计的色彩配置要有一个主色调，其他色彩都要与主色调协调，富于变化的统一，这也是使形象设计引人注目的主要因素。主色彩的选择依据是设计对象的皮肤自然色属性，即根据其专属色进行主色调的选择。

形象设计的色彩主调可以有以下多种形式：

①以一种大面积的色块为主。其他色彩的配置要以主色彩的意志为转移，陪衬主色彩、烘托主色彩。主色彩要处于较中心的位置，例如，可以将主色调用于上装或下装，但不可以放在孤立的部位上（见图2—104）。

②以某一种同色调的花纹图案为主色调。这是一种比较常见的配色方式，这种配色方式的特点是轻松、活跃，富于女性化。如图2—105所示，蓝色花作为主色调，配上一个蓝色的项链，既随意，又富于变化，非常具有女人味。

③以一种色彩或是两种色彩组成的装饰为主调。这种方式也是很能出效果的配色方式。如图2—106所示，黑色的帽子、腰带、手套、鞋成为主色调。

图 2—104　大色块为主　　　　图 2—105　花色为主

3）色彩配置的呼应。色彩在服装上的配置，通常都不是孤立存在的，上下、左右、内外是相互呼应的，这样才能显得更完美、更和谐。

如图 2—107 所示，发色为浅色，砖红色的服装与化妆色、发色呼应，围巾、裙上的黑花色与靴子采用黑色呼应，这样使得其他色彩都不会显得孤立、单调，而这种呼应还可为整体配色增添情趣。

图 2—106　黑色为主　　　　图 2—107　色彩的呼应

**（5）协调色彩**

色彩配置的目的是使色彩的整体协调，在设计中可以分为几个步骤进行色彩协调。

1）决定主色。主色是支配整体服装的色彩印象，也是经常会留给别人的第一个印象，主色的决定必须注意以下三种情形：

①一种颜色时，色彩印象强烈，本身的明、暗、深、浅要仔细去比较，这样才能决定真正适合的主色。

②两种颜色时，色感由庄重、正式转为轻松大方。人们经常可见到服装上会出现类似两色、对比两色、补色两色或无彩色与有彩色两色。

③多种颜色时，可以从中选出一种颜色，扩大其面积，以其作为主色来统合全体的色彩，这称为主调色；或是先设定某一种中间色，当作这些多色的基本色，借此来达到全体色彩的协调，这称为基调色。因此，花花绿绿的颜色太多时，请记得使用主调色或基调色。

2）确定色调。基本配色除了可以看到明显主色配色法外，另有一种经由色相、明度、彩度三者形成的调子存在着。如主色是紫，经由深紫、暗紫与浅紫等互相搭配可形成紫色调。所以无论是颜色数有多少，只要能选出一个主色，进而确定某种色调，把握住各色彩之间共同或类似的情形，那么色调感很自然就形成了，如冷色调、暖色调、深色调、浅色调、浊色调、中间色调等。

皮肤自然色呈现了六个色彩特征：深—浅，冷—暖，净—柔，这也为整体色调选择提供了可靠的依据。图2—108所示为色彩特征坐标图。

3）选择调和原理。有了主色，色调感也形成了，但是色彩不够丰富，配色也不够完美，此时就会寻求用什么色和什么色配在一起会比较适合的方案，也就是色彩调和原理在服装配色上的运用，这就形成了配色形式。

4）强调对比效果。对比可以使服装效果更出色、更生动，无论是服装还是配件都可参考以下四项对比情形：

①色相对比——因色相差异造成的对比效果最为主要，色相差可在类似色、对比色、补色、冷暖色等各组色相中，选一组来表现。

②明度对比——只要色感维持在暗色配亮色的调子，即可达到强调的目的，

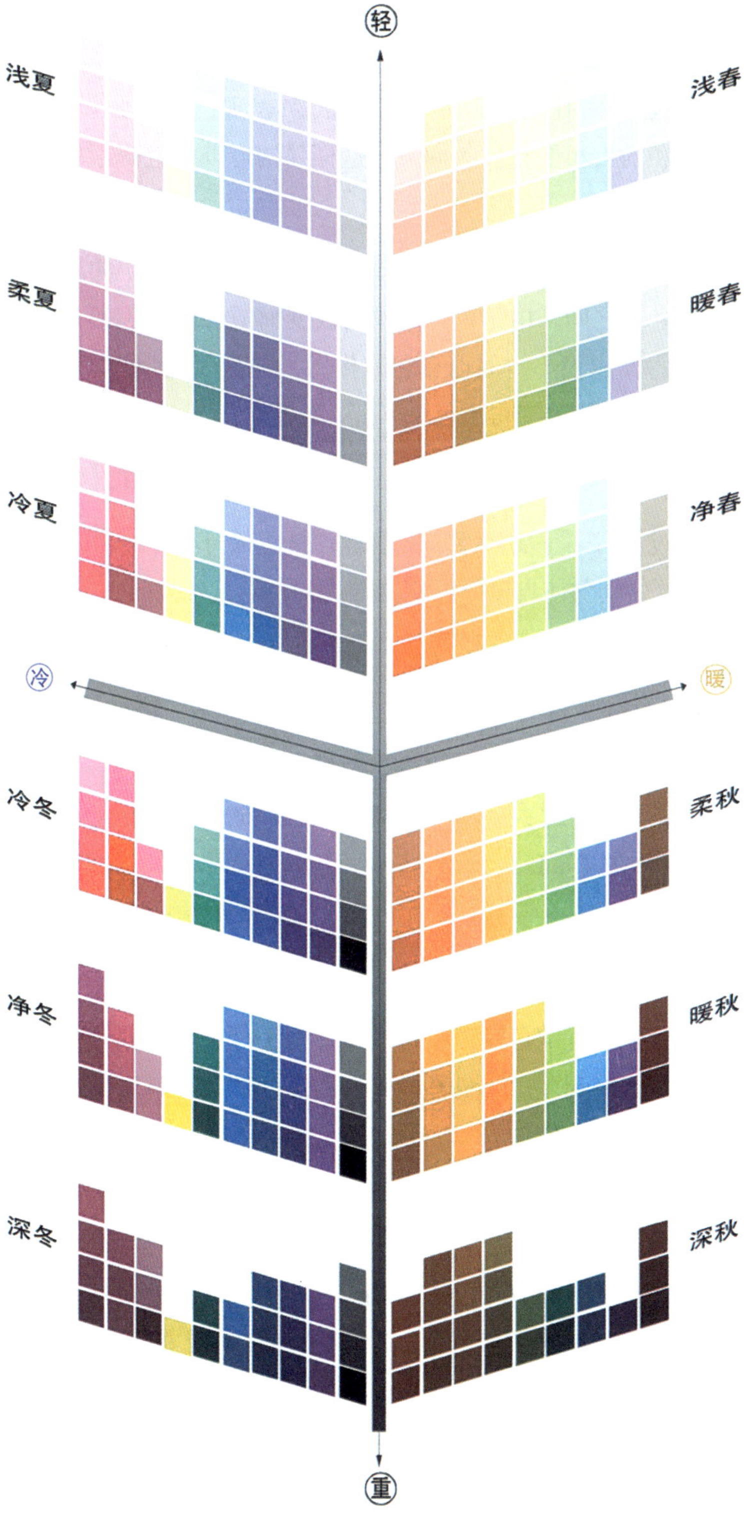

第 2 章 服装服饰设计与实施

图 2—108 色彩特征坐标图

如黑西装配白衬衫。

③彩度（纯度）对比——强调彩度对比的效果时，要特别注意在色彩鲜艳与否的强烈对比上，以主色的深浅来表现，或是强调鲜艳与灰浊的对比，并以面积的大小变化作为调节。这样强调可以使色彩很容易协调，也非常优雅。

④面积对比——强调面积对比效果时，使用面积大小的决定非常重要。经常在协调的各色之间，由于色彩面积的改变而成为调和色尤其是在运用饰品与配件时，虽占面积很小，但也有它的作用，并且因此强调了某一种对比效果。对整个配色技巧而言，变得出色、丰富、完整。

5）变化与统一。做最后的检视，可从以下三方面来看：

①变化过多时——要注意色彩取舍，是否保持全体一致的色调，配件饰品是否为同色系，切勿使自己像棵圣诞树。

②过分统一时——缺乏变化，过分保守，令人觉得没自信，此时，应在过分统一中去检视如何进行变化，如强调对比运用效果或加强脸部色彩的化妆，改变领带、丝巾颜色等。

③不协调时——秘诀即在变化中求统一，统一中求变化。强调发挥无彩色的使用效果，并在同一套服装里尽量使用同一种无彩色，以达到色彩协调的目的。

**（6）配色的形式**

形象设计配色可以有多种形式。通常设计师要根据设计对象、设计内容以及环境、用途来选择配色方式。每个设计师经过长期的设计实践，就会形成自己的配色形式、表现手法、色彩风格。但是，对初学者来说，还是需要学习几种配色方式，作为设计的入门。不过，千万不能被几种配色方式固定住，设计是没有约束的，应该以此为基础，逐渐掌握、运用、发挥，以实现自由设计。图2—109所示为色彩的多种冷暖配色形式。

1）同类配色。同类配色亦称为0°配色，是一种简便易行的配色方式。它是指在一个整体色彩设计中，只采用一种色调，可以有明度的改变，也就是说，只有深浅的变化，没有冷暖的变化（见图2—110）。还可以与黑、白色调相配，这样的形象色彩配置，特点是统一性强，整体色调和谐；弱点是容易显得单调，缺乏活跃感。同类配色一般用于职业形象设计或学生形象设计之中，也适用于浅冷、柔冷、柔暖等皮肤色的配色。

第 2 章　服装服饰设计与实施

图 2—109　色彩的冷暖配色形式

图 2—110　同类配色

2）邻近配色。在色相环上互相邻近的色彩被称为邻近色。两种或几种邻近色相配，即为邻近配色。

邻近配色通常给人以整体、柔和之感，优势是易于协调，表现情调统一，色彩语言平易近人（见图 2—111）。但是，如果运用不当，容易陷入单调、对比模糊的误区中去。因此，在采用邻近配色时，要特别注意色彩明度的变化，可以有意识拉开色与色之间的明度差别，以较强的明度对比来避免对比模糊的弱点；以多层的色彩、单色与花色、纹样穿插相配的手段，来避免配色单调的弱点。邻近配色适用于生活化的形象设计，也适用于深暖、浅暖、冷柔、柔暖等自然色特征。

3）衬托配色。衬托配色要求整体色彩在明度上形成匀称的明度对比，这种相互对比，使每一块色彩与其他色彩都起到相互衬托的作用，你衬托我，我衬托你，它们以平等的关系出现，没有某一块色彩异常突出，也没有哪一块色彩被忽视，色彩之间相互依存，它们都很恰当地表现着自己的光彩，这就是衬托配色（见图2—112）。衬托配色适宜公众人物形象设计、生活类形象设计以及职业形象设计。

图2—111 邻近配色

4）强调配色。在整体形象配色上，选择某一个点、某一个部位，或是某一件服装、某一件饰物，运用色彩的对比使其突出，吸引人们的注意，这就是强调配色。图2—113所示即强调了项链、腰带、鞋。

强调配色就是要使所强调部分的色彩，压倒其他一切部分的色彩，跳跃在别的色彩之上，其他色彩均为其服务、配衬，这样所强调的部分才能够与众不同。当人们的视线落到被设计者身上时，最先映入眼帘的就应该是所强调的色块。但是，需要注意的是，强调的色彩不能完全脱离其他颜色，不能破坏主色调，与其他色彩之间还应具有和谐的关系，使之搭配得当。

图2—112 衬托配色　　图2—113 强调配色

## 第2章 服装服饰设计与实施

强调配色在应用时，可以加强色彩的冷暖差别、明度差别。当然，这种差别的增大要有一定限度，可以采用黑、白等色来陪衬，以使其效果更精彩。

这种配色方式适用于公众人物形象设计、正式场合形象设计和时尚展示形象设计等。对于深冷、净暖、净冷、暖亮、浅暖、深冷等自然色特征的人特别适合。

5）对比配色。在形象设计配色中，应用互补色相对比的方式，使其既保持它们所特有的对比强烈的效果，又能够和谐地配置在整体形象设计之中，这就是对比配色。

对比配色的优点是色彩效果显著，明快、活跃、引人注目；弱点是容易出现不和谐的状态。由于采用的色彩相互对抗激烈，属于不易协调关系的对比，因此，需要在一定程度上改变部分色彩的明度、纯度或是形状等，这样可以减弱互补色之间的对抗性，使它们既可保持原有的风貌，又能够融洽地配合在一起（见图2—114）。

对比配色的应用范围广，表现力强，是设计师经常使用的一种配色手段。适用于休闲类形象设计、情侣形象设计、运动形象设计等。对于深冷、净暖、净冷、暖亮、浅暖、深冷等自然色特征的人特别适合。

6）分离配色。在形象设计中，许多实例不能忽视，如图2—115所示，头发为黄色，上衣为橘黄色与蓝色裤子形成了对比搭配，鞋又为黄色，也与头发颜色做了呼应；上衣为粉色，鞋也为粉色，这给人以重复的韵律，也有上下呼应之感。这就是分离配色。

图2—114　对比配色

图2—115　分离配色

这样配色虽然有变化，但不太适合矮个子的人，高个、不够苗条的人也不太适合。

### 2. 流行色与形象设计的关系

与社会上流行的事物一样，流行色也是一种社会心理产物，它是某个时期人们对某几种色彩产生共同美感的心理反映，是指某个时期内人们的共同爱好，带有倾向性的色彩。流行色有两类：经常流行的常用色、基本色和流行的时髦色。

形象设计离不开色彩的表达，也离不开流行时尚的元素。可以说，形象设计与流行色之间是相互依存的关系，如果没有形象设计，流行色也无从表达；如果没有流行色，形象设计元素中可能就缺少了一些时尚的变化。

流行色与服装的面料、款式等共同构成服装美。对大多数人来说，流行色是一个时尚的名词。其实，流行色只不过是一种趋势和走向，它是一种与时俱变的颜色，其特点是流行最快而周期最短。流行色不是固定不变的，常在一定时期内演变，今年的流行色明年不一定还是流行色，其中有可能有一两种会被其他颜色所替代。这是因为不同的国家、地区和民族都有自己的服饰传统和服饰习惯，每个人又有着不同的服饰嗜好或偏爱。这些传统、习俗和嗜好都会在服装色彩上有所反映，完全没有必要因追求流行而抛弃这一切。一般而言，服饰的基本色在服饰中所占的比重较大，而流行色所占的比重较小，所以每年在制定下一个年度的流行色时，常常是选用一两种流行色与服饰的基本色一起搭配，这样可使服饰的颜色既保持了自我，又跟上了时代的步伐与潮流。

流行色的应用有一定的局限性，因为流行色变化的时间跨度太小，适用于一些使用寿命短、相对比较便宜的服饰，如T恤衫、花布裙等一类的服饰；对于一些比较贵重、正规、使用寿命比较长的裘皮大衣、高档西装和羊绒套裙等之类的服饰，则没有必要考虑流行色，进行服装设计时也很少考虑采用流行色，一般以服饰的基本色为主。

人的形象设计由多种元素构成，诸如皮肤特征、职业、年龄、个性、头发造型、化妆造型、服装等。单就服装也是由色彩、服装面料与服饰款式构成的一个整体。因此，在每一年流行色的使用上会追赶一定的流行色潮流，体现一定的时尚感。以流行色的服饰来点缀基本色的服饰，以取得画龙点睛、相得益彰的奇妙效果。在使用流行色时，也一定会考虑皮肤自然色的特征及职业、年龄、个性等综合因素，做到恰当地使用。

第2章 服装服饰设计与实施

### 技能要求

## 日常服装服饰色彩搭配程序

**步骤1**：自然色测试。

模特原型：李小姐，36岁，室内设计师，原来穿衣只敢用灰色调（见图2—116），同色系搭配。希望通过衣着的改变，展示出自己最好的状态。

色彩类型测试结果：冷亮型人，适合冷色调鲜艳明快的颜色，对比配色比较适合。

**步骤2**：服饰搭配规律指导（见图2—117）。

**步骤3**：日常化妆用色指导（见图2—118）。

**步骤4**：商场实践指导（陪同购物）（见图2—119）。

**步骤5**：各种场合用色形象设计（见图2—120至图2—122）。

图2—116 习惯灰色调的形象

图2—117 皮肤自然色诊断及用色规律指导

图2—118 日常化妆用色指导

图2—119 商场实践指导

图2—120 日常生活装

图2—121 正装

图2—122 晚装

第 2 章　服装服饰设计与实施

# 学习单元 2
# 日常服装服饰款式搭配技法及运用

**学习目标**

1. 了解日常服装服饰品质的鉴别及选购方法。
2. 熟悉日常服装服饰款式搭配程序及陪同购物程序。
3. 掌握各种风格日常服装服饰款式搭配方法。

**知识要求**

## 1. 日常服装服饰款式搭配方法

### （1）女士风格与服饰搭配

每个人的形不同，选择的服饰也就不同。要根据具体形的特点，把具有统一要素的服饰搭配在一起，才能体现美感。

1）少女型的服饰搭配（见图 2—123）。少女型的服饰特点为纯真、甜美、可爱，与这个特点相配的短小的裙子，小巧的包，小动物、小花朵图案，小蝴蝶结，可爱的鞋子等都可以组合在一起。

2）优雅型的服饰搭配（见图 2—124）。优雅型的服饰特点为小女人味、优雅、飘逸、精致。服装要曲线剪裁，收腰，领、襟处边缘都呈曲线形，适合有皱褶的装饰、蓬松的袖子、垂吊感的连衣长裙、飘逸的长裙，有垂吊感的饰物，吊坠耳环，玻璃质感的。中至高跟的鞋，鞋跟要精致。精致的腋下挎包、小提包，皮质要软，造型柔和。

3）浪漫型的服饰搭配（见图 2—125）。浪漫型的服饰特点为妩媚、华丽、妖娆、有成熟女人的魅力。曲线版型，X 型剪裁。包身裙、收腰的多皱连衣裙、鱼尾裙、喇叭裙，大领子、大领口、垂吊大领、低胸服饰，适合大花朵的装饰，夸张、华丽、精美的饰物，造型、线条要圆润，水滴形、心形的较好。选择鞋面上有装饰的羊皮、牛皮、绸缎等精细高级的材料的鞋，用软质感的拎包、挎包，心形、圆形包。

图 2—123 女士少女型日常服饰搭配举例

第 2 章　服装服饰设计与实施

图 2—124　女士优雅型日常服饰搭配举例

图 2—125 女士浪漫型日常服饰搭配举例

第 2 章　服装服饰设计与实施

4）少年型的服饰搭配（见图 2—126）。少年型的服饰特点为活泼、帅气、干练、洒脱、简洁、清爽。采取直线剪裁，适合短上衣、夹克、小皮装、短裤、短裙等，裤装比裙装更漂亮，衣服上可以有许多拉链、明兜、立领、多扣、明线做工。选择直线条人造首饰，水晶、玻璃、羽毛、皮绳、丝线、铁、钢等材质，保持走在流行前端，强调独特性。平跟鞋、中跟鞋、靴子，后跟要选择厚实、粗壮、粗犷的。大小适中、造型有棱角的包，双肩背囊、帆布斜挎包等很适合。

图 2—126　女士少年型日常服饰搭配举例

5）时尚型的服饰搭配（见图 2—127）。时尚型的服饰特点为时尚、摩登、特别、标新立异、高科技感、奇特、酷、生机勃勃，整体强调时尚独特、极具个性魅力的风格。服装剪裁锋利，有棱角，符合当年流行趋势，适合裤装、短夹克衫，强调有变化、不规则、不对称的服饰。宜选择简洁、直线条的特别的几何图案、动物造型、用具造型，甚至骷髅、文身的饰品。松糕鞋、夸张的方头鞋、当年流行的怪异鞋、长短靴、长带小背包、小手提包、双肩包等都适合。

图 2—127　女士时尚型日常服饰搭配举例

第 2 章 服装服饰设计与实施

6）古典型的服饰搭配（见图 2—128）。古典型的服饰特点为端庄、稳重、精致、严谨、高贵、脱俗、传统、上品、经典、都市化。合体、直线、收腰的剪裁，体现上品、精致的做工，简洁大方的服装。可佩戴珍珠、白金、黄金、钻石、宝石、玉等看起来贵重的饰品，单带坤包、腋下肩挎包、手提包等。

图 2—128　女士古典型日常服饰搭配举例

7）自然型的服饰搭配（见图2—129）。自然型的服饰特点为大方、洒脱、干练、随和、异域风情、民族风情、潇洒。直线剪裁、几何形造型，细节越简单越好，衣服可比自己的身材大一号，腰不能收得过于曲线，适合穿直筒裤、宽腿裤（不夸张的）、A字长裙、直筒吊带长裙、自然乡村风格长裙等。配有石头、木类、铁、铜、贝壳（别致的）、草编、皮绳、松石、暗色的琥珀、玳瑁、陶瓷类、玻璃类、皮腕带、藏饰等配饰。大包、马桶包、双带肩挎包、藤包、草包等。

图2—129　女士自然型日常服饰搭配举例

8)戏剧型的服饰搭配(见图2—130)。戏剧型的服饰特点为大气、醒目、随意、时尚、潇洒,回避小气的、呆板的服饰。直线版型的衣服,但细节处直线、曲线裁剪都适合。宜穿线条笔直的外套、紧身衣、皱褶很多的连衣裙、大枪驳头西装、大V字领、特大领、一粒扣的服装,比自己的型号大1号、大2号的都行;宽腰带、宽腿裤、大喇叭裤、紧腿裤等夸张、华丽的打扮能衬托戏剧型人出众的气质。选择奇特、怪异、抽象、几何造型、字母组成的饰品。坚实的牛皮包、公文包、长带大包、小手包,布、麻的大时装包等适合。

图2—130 女士戏剧型日常服饰搭配举例

（2）男士风格与服饰搭配

1）时尚型的服饰搭配（见图 2—131）。时尚型的服饰特点为简洁、有个性、酷、较贴身、走在时尚潮流的前端、有变化、有造型感。

图 2—131　男士时尚型日常服饰搭配举例

第 2 章 服装服饰设计与实施

2)浪漫型的服饰搭配(见图 2—132)。浪漫型的服饰特点为高级感、细腻优雅、花哨、中性化、柔和、变化多、装饰感强。

图 2—132 男士浪漫型日常服饰搭配举例

3）古典型的服饰搭配（见图2—133）。古典型的服饰特点为端庄、传统、正式、规矩、高档、都市化、一丝不苟、高价值感。

图2—133　男士古典型日常服饰搭配举例

第 2 章　服装服饰设计与实施

4）自然型的服饰搭配（见图 2—134）。自然型的服饰特点为潇洒、大方、淳朴、阳刚气、粗犷豪放、民族风、运动感、随意、洒脱。

图 2—134　男士自然型日常服饰搭配举例

5)戏剧型的服饰搭配(见图2—135)。戏剧型的服饰特点为气派、大气、存在感强、华丽、硬朗、夸张。

图2—135 男士戏剧型日常服饰搭配举例

### （3）服饰外轮廓的细节搭配

1）长与短的运用。从整体服装轮廓上来说，上衣、裙子、裤子的长与短是讨论最多的话题。人们总是按照心目中理想的完美形象去打扮自己，而现实与理想的完美形象会有出入，如肤色太黑、体形偏胖、神情异常等。服装可以弥补人们自身的一些缺点，使人们达到或者接近心中的目标，给人以自信感。

例如，及踝的长裙与 30 cm 的短裙，两个裙子在长度上存在不同，反映在人体上，也有不一样的效果。短裙能够在视觉上拉长腿部线条，特别适合身材娇小的人穿着；而长裙适合高挑的人和腿部线条不太优美的人。

长短搭配应注意以下几点：

①上长下短。上长下短是近几年最流行的款式搭配法则。女士喜欢上面的衣服能盖过臀部，以人体的黄金比例为准，上衣下摆就位于全身下黄金比例上下浮动。款式优点在于：一是能够修饰臀部过大的女士，遮掩缺点，这里指的是梨形身材的人。二是能够在视觉上形成错觉，让人显得苗条高挑。这是因为我们在观察人的时候会处于一种无意识状态，会自觉不自觉地把视线集中在人的上半身上，大部分人会以头、上身、下身、脚，从上到下进行观察。其中上身占观察总数的 50%～80%，这就说明人们可以穿着上长下短来修饰先天不足的身高，如果再配上高跟鞋，则更能发挥掩饰的作用。

②上短下长。上短下长是前几年流行的款式，现在穿上叫复古。上短下长的优点在于：一是突出下身的修长，对美腿起拉长效果，特别是对身材上长下短的人来说这样搭配能够起到一定的修正作用。二是短小的上装能够突出胸部，特别是对自己胸部不满意的女性，可以尝试选择短小的上装来突出胸部，上装最好不要超过肚脐。

③上下一般长。这是大众最为不接受的一种长短搭配方式。因为这种搭配过于均衡，毫无亮点，不知道想突出什么，如果再加上一条有点显眼的腰带，很容易让旁观者看成拦腰斩断的效果。而近几年流行的非主流中却有不少这样的款式搭配，这种审美观的转变与流行有很大关系，不少青年人都或多或少认同了这种搭配。

2）宽与窄的运用。男士购买西服时经常注意的一点是垫肩。因为正确的垫肩能够修正男士的肩部线条，从而塑造出上宽下窄倒梯形的男子汉身材。这中间涉及宽窄结合搭配的学问。

①上宽下窄。这是男士应有的身材标准。如果不达标，可以选择加垫肩或加宽胸

部的以较挺实的面料做成的上装。而女士加宽上部不同于男士，如泡泡袖，这种欧洲宫廷式的洛可可的女士柔美风格能让肩部变宽，从而上宽下窄，让穿着者的身材看起来有点"壮"，但也带给人们轻松、和谐的青春形象。再举例来说，对胸部偏小的女士来说，短小的、较为宽松的上装能够在视觉上放大胸部，适合穿着的身材有A型身材、H型身材。

②上窄下宽。这种形式的服装首先排除了A型身材的人穿着。而Y型身材女士（就是上宽下窄的体形）穿着会取得很好的效果，这是因为这类女士从不担心自己下体偏大而拒绝下体宽松款式的服装，特别是中短裙装。

③上下一般宽。这种搭配需要高技巧性，可以从面料材质、颜色、配饰等方面进行对比调和的搭配，不过，可能会成为典型的水桶腰。

3）大与小的运用。从服饰类型风格上来说，大的服饰适合戏剧、浪漫、自然等风格，小的服饰更适合年轻、前卫等风格。

大与小进行搭配以后会取得很好的效果。比如大腿偏粗、小腿良好的女生可以选择除了黑色、深蓝色的带褶中短裙与黑色打底裤进行搭配，这是因为短裙会掩饰住粗大的大腿，而让美丽的小腿露出来，这就是搭配法则中的扬长避短法。

4）方与圆的运用。方与圆指的是给人感觉上的方与圆，也包括各种线条上的直与曲。

一般来说，一件衣服上直线与曲线是相结合产生的，观察一件衣服是男士还是女士衣服时，除了装饰风格上还有在款式上就很容易判断。最明显的区别有圆圆的胸突与圆圆的臀部，这一点在选购大衣和裤子时就能发现。

在款式上已经约定俗成，男士服装多用直线，而女士服装多由曲形构成。男士的关键词是力量、肌肉、勇敢与沉稳，这些给人方正、锐利的感觉；而女士给人的感觉是柔情、妩媚、娇美、温柔等，这就是男女体态特征上的差异。

除了男女服装上的差别，更要根据身材的曲与直，选择适合自己的服装。

## 2. 日常服装服饰品质的鉴别及选购方法

随着我国加入世界贸易组织及国内市场消费结构的变化，服装生产竞争日趋激烈。特别是作为都市产业的服装，时尚、流行、个性化已成为趋势，应季服装销售周期的缩短，反季节销售的品种不断增加，更加剧了市场竞争，导致服装产品良莠不齐，消费者可以掌握一些服装质量鉴别方法判断服装的优劣。

## （1）注意服装上的各种标识

对于服装产品，有一些基本的标识一定要先去关注。

1）产品上的商标和中文厂名厂址是服装产品最基本的质量标准之一。

2）产品上有无服装号型标识及相应的规格，可通过营业员挑选适合自己穿着的号型及规格。

3）产品上有无纤维含量标识，主要是指服装面料、里料的纤维含量标识，各种纤维含量百分比应清晰、正确，有填充料的服装还应标明其中填充料的成分和含量。纤维含量标识应当缝制在服装的适当部位，属于永久性标识，以便于消费者在穿着过程中发现有质量问题时作为投诉依据。

4）产品上有无洗涤标识的图形符号及说明，并了解洗涤和保养的方法要求，特别是夏季穿着服装，要核实一下能否水洗的标识。

5）产品上有无产品的合格证、产品执行标准编号、产品质量等级及其他标识。

## （2）外观质量的鉴别方法

1）服装的主要表面部位有无明显的织疵。若穿着后才发现表面有明显疵点等问题，就比较难分清责任，特别是价格较高的服装产品。

2）服装的主要缝接部位有无色差。

3）服装面料的花形、倒顺毛是否顺向一致，条格面料的服装主要部位是否对称、对齐。

4）注意服装上各种辅料、配料的质地，如拉链是否滑爽，纽扣是否牢固，四合扣是否松紧适宜等。

5）有黏合衬的表面部位，如领子、驳头、袋盖、门襟处有无脱胶、起泡或渗胶等现象。

## （3）面料纤维含量的鉴别方法

一般情况下，以纤维含量标识为准，不需要鉴别。无成分标识或标识不符者的衣服不予考虑。

1）感观法

纯棉布：布面光泽柔和，手感柔软，弹性较差，易出现皱褶。用手捏紧布料后松开，可见明显皱褶，且折痕不易恢复原状。从布边抽出几根经纱、纬纱捻开观看，纤维长短不一。

黏棉布（包括人造棉、富纤布）：布面光泽柔和明亮，色彩鲜艳，平整光洁，手感柔软，弹性较差。用手捏紧布料后松开，可见明显折痕，且折痕不易恢复原状。

涤棉布：光泽较纯棉布明亮，布面平整、洁净，无纱头或杂质。手感滑爽、挺括，弹性比纯棉布好。手捏紧布料后松开，折痕不明显，且易恢复原状。

纯毛精纺呢绒：织物表面平整光洁，织纹细密清晰。光泽柔和自然，色彩纯正。手感柔软，富有弹性。用手捏紧呢面松开，折痕不明显，而且能迅速恢复原状。纱支多数为双股。

纯毛粗纺毛呢：呢面丰满，质地紧密厚实。表面有细密的绒毛，织纹一般不显露。富有弹性。纱多为粗支单纱。

毛涤混纺呢绒：外观具纯毛织物风格。呢面织纹清晰，平整光滑，手感不如纯毛织物柔软，有硬挺粗糙感。用手捏紧呢面后松开，折痕迅速恢复原状。

毛腈混纺呢绒：大多为精纺。毛感强，具毛料风格，有温暖感。弹性不如毛涤混纺呢绒。

毛锦混纺呢绒：呢面平整，毛感强，外观具蜡样光泽，手感硬挺。手捏紧呢料后松开，有明显的折痕，能缓慢地恢复原状。

真丝绸：绸面平整细洁，光泽柔和，色彩鲜艳纯正。手感滑爽柔软，外观轻盈飘逸。干燥情况下，手摸绸面有拉手感，撕裂时有"丝鸣声"。

黏胶丝织物（人丝绸）：绸面光泽明亮但不柔和，色彩鲜艳，手感滑爽，柔软、悬垂感强，但不及真丝绸轻盈飘逸。手捏绸面后松开，有折痕，且恢复较慢。撕裂时声音嘶哑。

2）燃烧法。如果在商场一定要鉴别面料，在不影响服装整体的情况下，可以在服装的缝边处抽下一缕布纱（应包括经纱和纬纱），用火将其点燃，观察燃烧火焰的状态，再闻布纱燃烧后发出的气味。若有类似人的头发燃烧后发出的焦臭味，则可确认此面料含有毛的成分，气味越强烈，则说明毛的成分比例越高。然后看燃烧后的剩余物，如是黑色焦炭状，也可说明是含有毛的成分。最后用二手指将剩余物捻一下，若完全是粉末状，则说明是全羊毛；若有黏胶颗粒状出现，则说明含有化纤成分，黏胶颗粒状的硬物越多，则说明化纤成分的比例越高。

**（4）缝制质量的鉴别**

1）目测服装各部位的缝制线路是否顺直，拼缝是否平服，绱袖吃势是否

第2章 服装服饰设计与实施

均匀、圆顺，袋盖、袋口是否平服，方正下摆底边是否圆顺、平服。服装的主要部位一般指领头、门襟、袖笼及服装的前身部位，是需要重点注意的地方。

2）查看服装的各对称部位是否一致。服装上的对称部位很多，可将左右两部分合拢，检查各对称部位是否准确。如看服装上的对称部位有领头、门里襟，左右两袖长短和袖口大小，袋盖长短宽狭，袋位高低进出及省道长短等进行对比。

（5）试穿时需注意的事项

1）在试穿服装时，应自然放松站立，注意感觉一下颈肩部有无压迫感，如果在颈肩部有明显的沉重及不舒适的感觉，说明该件衣服与人的体形尚不够适宜。选购一件适宜的服装，穿在身上应无明显的压力和沉重的感觉，而有轻松、舒适的感觉。

2）在试穿服装时，应注意袖笼部位，两只手臂活动时应有舒服自如的感觉，防止袖笼过小过紧，并注意袖笼前后是否平服、圆顺。

3）注意后背上部靠后领角处是否平服，后背下摆处有无起吊现象。

经过以上对服装标识、服装外观质量、缝制质量和服装面料成分的鉴别，基本上能够选购到一件符合质量标准要求和比较合体满意的服装。

（6）服装的穿着安全

服装面料在印染和后整理等过程中需加入各种染料、助剂理剂，尤其棉、麻、丝面料的服装产品，穿用时易起皱，尺寸稳定性较差，所以现在有些产品经过免烫、防皱、防缩等特殊工艺整理，以达到在一定时期内洗后免熨的效果，但在这些整理中所用的整理剂会或多或少地产生对人体有害的物质，当这些有害物质残留在服装上并达到一定量时，就会对人的皮肤，乃至人体健康造成不同程度的危害，所以，一般对选购回来的服装及标明免烫、防皱、防缩之类的服装产品，尤其是内衣内裤及直接接触皮肤的衬衫、单裤等服装，穿用前最好水洗一次（标注干洗的服装除外）。用少许中性洗涤剂进行清洗，通过清洗，可将一部分有害物质冲洗掉，也可将衣服在生产、运输、存放过程中的灰尘、脏污冲洗掉，以便放心穿着。

## 日常服装服饰款式搭配程序

步骤1：识别风格（见表2—1和表2—2）。

表 2—1　　　女性八种风格理想化状态整体印象特征比较

| 风格名称 | 面部特征 | 身体特征 | 整体氛围 | 关键词描述 |
|---|---|---|---|---|
| 戏剧型（夸张型、大气型）风格 | 轮廓线条分明，存在感强。脸盘偏大的居多 | 骨感强，看起来比实际身高显高 | 给人的总体印象是夸张、大气的，在人群中引人注目 | 夸张、大气、醒目、存在感强、成熟、直线 |
| 自然型（运动型、随意型）风格 | 五官整体呈现直线感，甚至显粗大，神态随意、亲和 | 有运动感，走起路来潇洒或轻松，显矮 | 给人以自然、随和、亲切、朴实的印象 | 随意、亲切、朴实、潇洒、成熟、运动感、直线 |
| 古典型（传统型、经典型）风格 | 偏直线感，五官对称、端庄、精致，有都市女性成熟而高雅的味道 | 适中，以直线感觉为主 | 端庄、高贵、严谨、传统、有距离感 | 端庄、正统、精致、高贵、稳重、成熟、距离感 |
| 时尚型（现代型、个性型、革新型、前卫型、普通型）风格 | 线条清晰、明朗，五官偏小，个性化十足 | 骨感、小骨架偏多 | 拥有个性的五官和小巧而骨感的身材；或活泼可爱、调皮幽默的个性化印象 | 个性、时尚、标新立异、古灵精怪、年轻、直线 |
| 少年型（俊秀型、帅气型、男孩型）风格 | 轮廓分明，五官直线感强、有力度，英气十足 | 直线感强、干练、帅气，走起路非常潇洒 | 带有帅气、利落、干练的中性味道，性格直爽、外向、活泼、好动 | 帅气、干练、利落、中性、年轻、直线 |
| 浪漫型（华丽型、性感型）风格 | 轮廓圆润，五官曲线感强，女人味足，眼神迷人而妩媚 | 曲线、丰满、圆润、女性味十足 | 给人以华丽而多情的感觉，性格夸张而大气 | 华丽、夸张、迷人、女人味、成熟、性感、曲线 |
| 优雅型（小家碧玉型、温柔型）风格 | 轮廓柔美、圆滑，五官精致、轻盈、小巧、曲线 | 身材圆润，曲线型，走起路来很优雅 | 有小家碧玉的感觉，面部柔和，有女人味，性格温柔、文静 | 优雅、温柔、精致、女人味、成熟、曲线 |
| 少女型（可爱型、甜美型）风格 | 轮廓圆润，脸庞偏小，五官稚气，小巧可爱 | 小骨架，身材不高，小巧玲珑，圆润 | 给人以天真无邪、甜美、幼稚的印象，性格活泼 | 甜美、可爱、天真、年轻感、圆润、曲线 |

### 表 2—2　　男性五种风格理想化状态整体印象特征比较

| 风格名称 | 面部特征 | 身体特征 | 整体氛围 | 关键词描述 |
| --- | --- | --- | --- | --- |
| 戏剧型风格 | 线条分明、硬朗，存在感强 | 骨感、宽厚，比实际身高显高 | 成熟大气、引人注目，给人以摩登、夸张的感觉；有一种威慑力，甚至有强大的气势 | 成熟、夸张、大气、醒目、强烈 |
| 自然型风格 | 五官线条粗犷，神情随意，态度亲和 | 身材健硕、行走潇洒自如、有运动感 | 给人以潇洒、自然、亲切、随意、敦厚的感觉，性感、无距离感 | 亲切、随意、成熟大方、运动感、粗犷 |
| 古典型风格 | 面部线条适中，五官端正、对称，整体有成熟、严谨的感觉 | 板正，体形匀称适中 | 给人以端正、知性、高贵与正式感。性格严谨、稳重而传统、有距离感 | 稳重、端正、严谨、精致、距离感 |
| 浪漫型风格 | 面部及五官线条柔和、轮廓不硬直，眼神柔和感性 | 身形柔和 | 给人以优雅、华丽、高贵、风度翩翩的感觉 | 成熟、华丽、精细、感性、优雅、有才情 |
| 时尚型风格 | 面部轮廓清晰，五官个性强 | 比例匀称、骨感，小骨架 | 给人以个性化强、骨感、酷的感觉。服饰风格与众不同、引领潮流、标新立异 | 年轻、锐利、个性、时尚、标新立异 |

注：具体到实际中的每个人身上通常是两种风格的综合体，以上描述只是理想化的状态，实际中较少见到单一风格的人。

#### 步骤2：根据个人特点提出风格搭配方案

表达任何两种风格的组合，把这两种风格的元素同时在衣服上体现出来即可。通常以主风格为整体形象的核心精神要素。

**（1）少女偏戏剧风格举例**

少女服装的可爱特点需要突出出来，同时也要加入一定的戏剧风格元素，如可以是小圆领上衣、娃娃裙，但衣裙都是大花朵的图案（见图2—136、图2—137）。

图2—136 少女偏戏剧风格服饰举例（一）

图2—137 少女偏戏剧风格服饰举例（二）

## （2）古典偏优雅风格举例

可以把古典型的衣服边缘由直线条变成圆润优美的曲线，可以把面料由挺括的质地改为柔软的、纱的质地等（见图2—138）。

图2—138 古典偏优雅风格服饰举例

## 陪同购物的步骤

**步骤 1：了解设计对象的习惯购买场所。**

通常客人的购买场所是由其购买品牌的档次和定位决定的。

一般分为一线奢侈品品牌、国际知名品牌、国际二三线品牌、国内高档品牌、国内中档品牌、低端品牌、个体外贸货品等。

**步骤 2：预约时间并了解购买需求。**

购物时间最好不要选在节假日、周末双休日等，因为商场人太多，客人试穿衣服会浪费时间，但是如果客人坚持在上述时间，则以客人为主。

需要明确知道客人的购买计划和需求。通常分为以下几种情况：

1）换季时新品上市，为即将到来的季节换新装。

2）过季打折时，淘到经济实惠的衣服，可以在以后配穿。

3）为某个特殊场合准备服装，如婚礼、庆典、竞职演讲、旅游等。

4）为已有的服装补充配饰及搭配的单品。

5）没有计划，只要有适合自己的就买。

**步骤 3：陪同中给出建议。**

在陪同购物过程中，选出适合的衣物，要请客人试穿以便决定是否购买。通常第一次做形象设计的客人很有可能看到设计师推荐给客人的服饰会感到惊讶和怀疑，但一定要坚持请客人试穿看到穿着后的效果。正是因为突破了客人原有的着装打扮误区，客人才会有上述表现，但一般来说，客人只要试穿后见到自己焕然一新，会欣然接受设计师的指导（见图2—139）。

还有一种情况非常常见，客人会很喜欢设计师推荐的某个单品，但担心自己不会搭配，设计师要明确告知客人只要是色彩和风格适合自己，就一定要买下来（见图2—140至图2—143），因为这些服饰相互之间一定都可以搭配，设计师会帮客人把所有东西配好，购买过程中要告诉客人每件物品该如何搭配。

购物结束后，最好回到工作室或在客人家中请客人把搭配方案拍照存档，并告知穿着场合，以备日后穿用时对照，避免遗忘。

第 2 章 服装服饰设计与实施

图 2—139 接受指导

图 2—140 试穿

图 2—141 挑选（一）

图2—142 挑选(二)　　　　图2—143 服装选过之后再选饰品

# 第3章

## 化妆设计与实施

- 第1节 设计
- 第2节 实施

# 第1节 设计

## 学习单元1
## 依据自然色条件进行日常妆容设计

**学习目标**

1. 了解人体自然色、服装服饰与妆色协调的程序。
2. 熟悉化妆的基本步骤。
3. 掌握人体自然色、服装服饰色与妆色的关系。

**知识要求**

### 1. 化妆基本步骤

化妆应该遵循基本的操作程序，这样才能使整个妆面洁净、完整且具有美感。具体步骤如下（见图3—1）：

（1）化妆水：根据不同的皮肤、不同的季节选用适合皮肤的化妆水。用手或化妆棉蘸取化妆水由下向上、由内向外轻轻拍于面部。

（2）乳液、润肤霜：选择适合皮肤的乳液、润肤霜，采用五点法将乳液点

第 3 章 化妆设计与实施

图 3—1 化妆步骤

在额部、双颊、鼻部、下巴处或将乳液在双手揉开，由下向上、由内向外全脸拍匀。

（3）粉底：选择接近肤色的粉底为基础底色，用化妆海绵蘸取少量粉底由内向外全脸均匀地拍擦。肤色不好的可擦抹两遍以上粉底，每遍宜薄不宜厚，防止出现边缘线。瑕疵处可用遮瑕笔遮盖。

（4）高光色：选择比基础底色明亮2～3度的粉底作为高光色，用于眉骨、鼻梁、下眼睑、颧骨和面部突出的部位提亮，宜薄不宜厚，不能出现边缘线。

（5）阴影色：用深咖啡色粉底在面部的外轮廓、鼻侧影部涂抹均匀，起到修饰脸型的作用。要注意过渡均匀，衔接自然，不能出现边缘线。

（6）定妆粉：有透明散粉、肤色散粉、深色散粉，一般选择适合肤色的散粉，将粉扑均匀蘸上散粉，轻轻按压全脸，然后用大粉刷刷去多余散粉。

（7）眼影：用眼影刷蘸着适量的眼影粉，找到眼部结构位置，并将眼部结构表现出来，方法是由外眼角向内眼角均匀地晕染，然后用大眼影刷蘸少量眼影粉晕染眼部。用粉扑隔离妆面。眼影色可与肤色、服饰色协调搭配成同一色系。

（8）眼线：可用眼线笔、眼线液、水溶性眼线粉画眼线。画上眼线时，紧贴睫毛根部；下眼线画在下睫毛根部内侧。上眼线宽长，外眼角处重且向上挑起，下眼线短平，外眼角处色深且宽，然后用深色眼影粉在眼线外侧晕染，使睫毛产生浓密的朦胧感。

（9）眉毛：用眼影粉刷出眉型，然后用眉笔将眉少的部位一根一根地按其生长方向画出来。眉型好的人只需用眉刷刷上同色的眼影粉。眉头不要画得太实，应该两头浅，中间深，上面浅，下面深，并且有毛发的虚实感。

（10）口红：用唇线笔画出嘴唇的轮廓，然后用唇刷将唇膏均匀地涂在轮廓内。唇膏的颜色与妆色、眼影和服饰要协调。若要表现嘴唇的立体感可在唇的外轮廓用深色唇膏，里面用浅色唇膏，或在下唇中央的高光处涂上唇油，使嘴唇丰满润泽。

（11）睫毛：先用睫毛夹将睫毛向上卷曲，再涂上睫毛膏，涂睫毛膏时眼睛向下看。反复涂几次，最后用睫毛梳将睫毛梳齐，也将多余的睫毛膏清除掉。

（12）胭脂：用胭脂刷蘸少量胭脂粉，均匀扫在颧弓下陷部位，即嘴角到耳

孔的连线上，然后将浅色胭脂扫在颧骨处，不要有边缘线，要有似有似无的感觉，达到看不出腮红从哪里开始，在哪里结束。

（13）修容：用修容刷蘸少量深色修容粉刷在外轮廓处，注意均匀，不露边缘线。然后用另一只刷子蘸少量浅色修容粉刷在高光处提亮。

（14）定妆：检查整个面部的修饰，没有补充后，用定妆粉整体定妆，然后用大粉扫把多余粉扫掉。对于颈部与面部的衔接，选用比脸部基础底色深一度的颜色，用化妆海绵均匀地抹在颈部，然后用散粉定妆。以避免脸与颈的差别太大。

## 2. 人体自然色、服装服饰色与妆色的关系

### （1）人体自然色与妆色的协调

化妆色彩与每个人的固有色特征是否相符合，决定了妆容最终的成败。对于日常生活中的妆容，化妆色彩的选择要符合个人的固有色特征，妆容才会最自然，才能把每个人的天然优势发挥出来。人的固有色特征是与生俱来的，是头发、眼睛和皮肤三者之间共同形成的色彩规律，按照色彩本身的色调、明度、纯度三大属性，分为深、浅、冷、暖、净、柔六种特征。

1）深色型人。深色型分为深暖型（见图3—2）和深冷型（见图3—3）两种。深暖型人的化妆色彩是在强色调的前提下偏黄底调，如鲑肉粉色、南蛇藤红色、橄榄绿色等；深冷型人则偏蓝底调，如深皂色、倒挂金钟紫色、茄紫色等。

2）浅色型人。浅色型人因为头面部的色彩缺乏强烈的对比，通常呈现亚麻色的

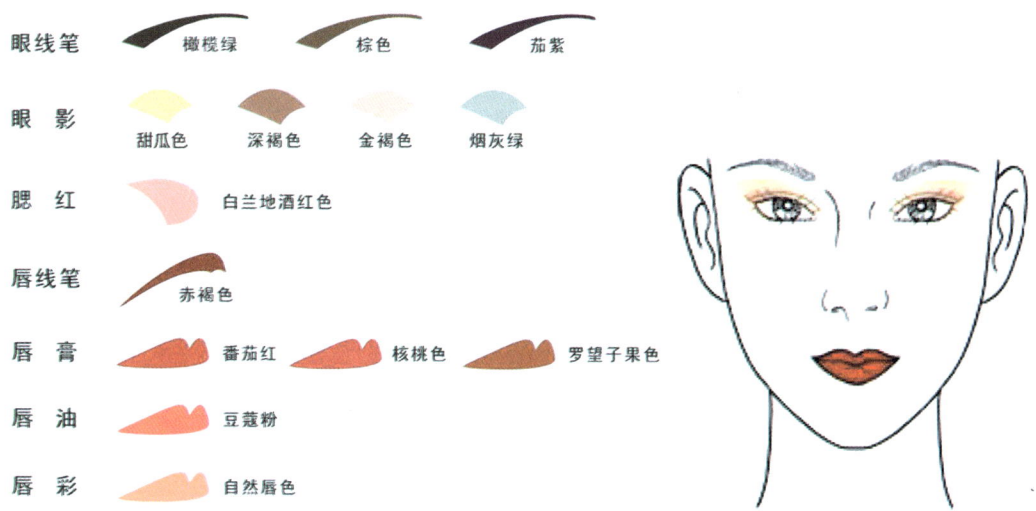

图3—2 深暖型肤色的化妆用色范例

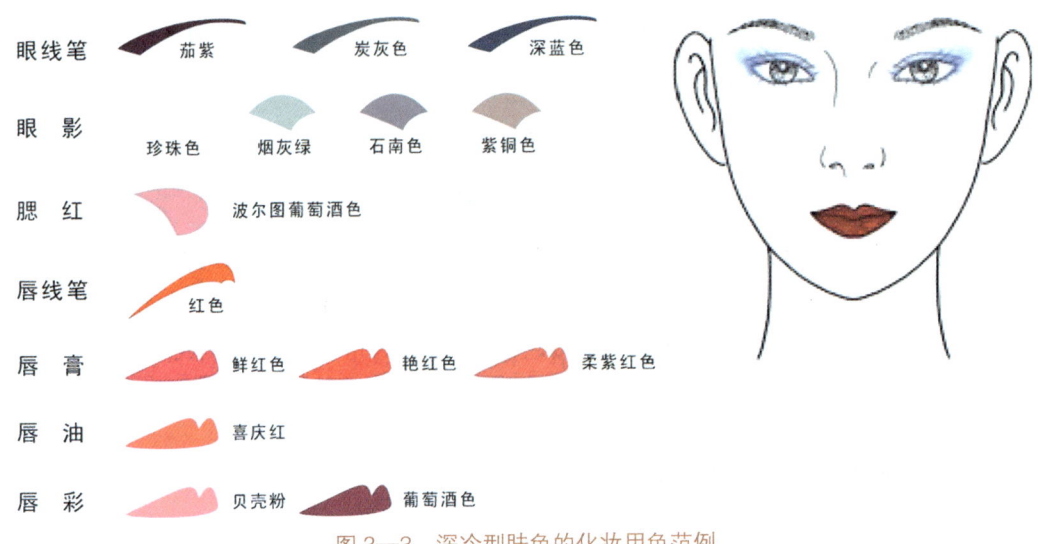

图 3—3 深冷型肤色的化妆用色范例

头发、淡淡的眉毛,眼珠的颜色也不会特别乌黑。浅色型人要格外注意,化妆品的用色都要轻淡,色彩的明度偏高,如桃色、薄荷绿色、浅水蓝色、浅金色等,尤其眉笔不能用黑色等极端强烈的颜色,如果用浓烈、饱和的色彩,如用皇家紫色、番茄红色、咖啡棕色等,即使化淡妆也会显得色彩是浮在脸上的,与本人的自然色彩特征不融合,面容也会显得凶和俗气。

浅暖型人(见图 3—4)、浅冷型人(见图 3—5)的眉笔适合选用灰褐色,眼

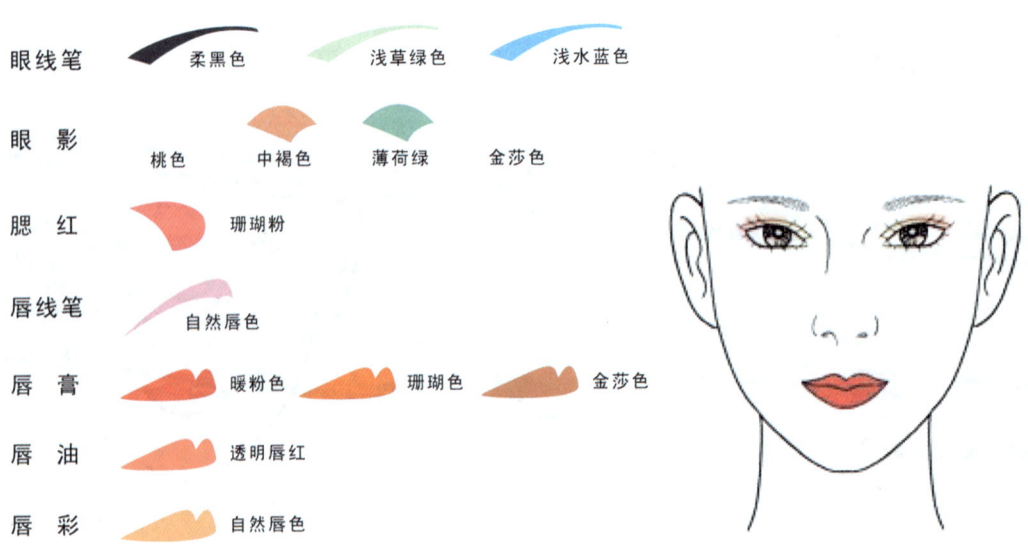

图 3—4 浅暖型肤色的化妆用色范例

第3章 化妆设计与实施

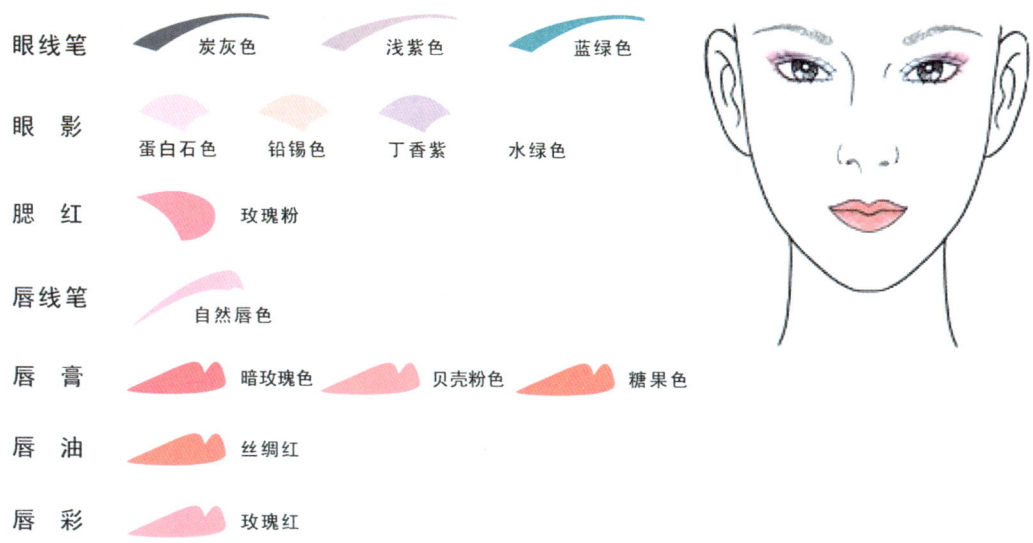

图3—5 浅冷型肤色的化妆用色范例

线笔不要选乌黑色，可以用炭灰色或柔黑色，浅暖型人的眼线笔还可以用浅草绿色、黄绿色、浅水蓝色等，腮红适合用珊瑚粉，口红唇彩适合用珊瑚粉色系或金色、橘红色等。

浅冷型人的眼线笔还可以选择天蓝色、浅紫色、蓝绿色等，腮红适合用玫瑰粉色，口红唇彩适合用玫瑰色系。

3）冷色型人。冷色型人化妆一定要用冷色调的色彩，如果用了暖色调的色彩，妆面会有脏的感觉，面容还会显得浮肿、奇怪。冷色调即蓝底调的色彩，有彩色系中除了橙色以外任何色相都有冷调子状态和暖调子状态，如冷色调的红色有玫瑰红色、蓝红色、深红色、木莓红色等，而暖色调的红色有南蛇藤红色、橘红色等。

冷色型人不适合用咖啡色画眉毛和眼线，如果在妆容中一定要用到咖啡色系的色彩，就一定要用玫瑰棕色、可可色或黑棕色，可以用奶油黄色、柠檬黄色，但冷色型人画蓝色、紫色的眼影会非常漂亮。腮红要用玫瑰红色、玫瑰粉色，口红唇彩可以用玫瑰粉色、玫瑰紫色、玫瑰红色等，可以用银色提亮想要提亮的部位。

冷色型分为冷柔型（见图3—6）和冷亮型两种（见图3—7）。冷柔型人的化妆用色在冷色调的前提下，饱和度要降低，柔和混浊的灰调子比较适合，如海绿色、冰粉色、薰衣草紫色、兰花紫色等。

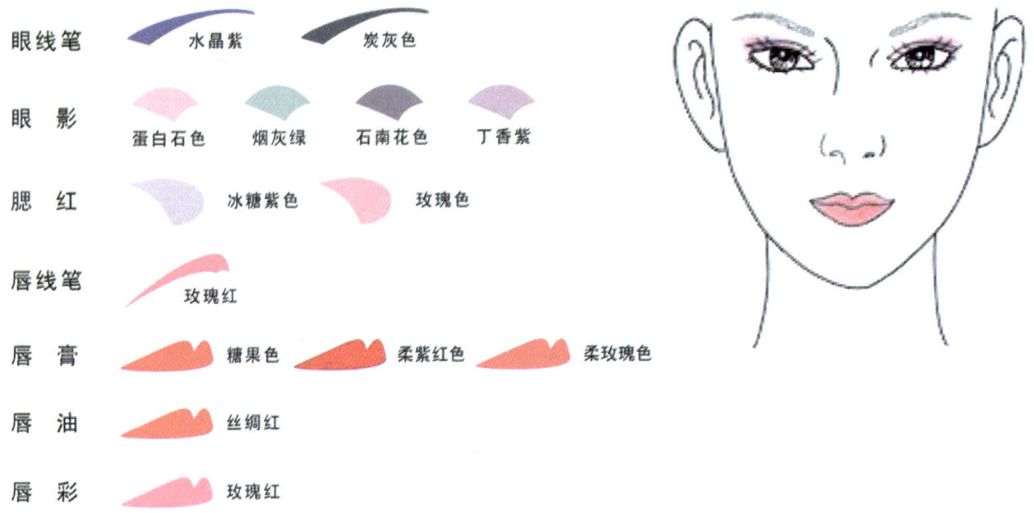

图3—6 冷柔型肤色的化妆用色范例

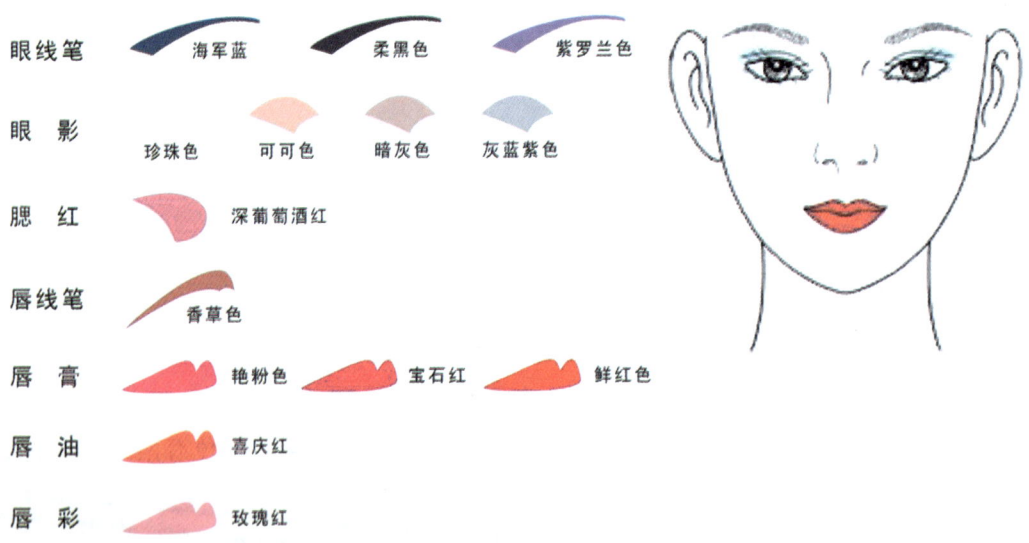

图3—7 冷亮型肤色的化妆用色范例

冷亮型人则要在冷调子的前提下,用高饱和度的鲜艳色,达到真正的冷艳效果,如粉蓝色、凫色、矢车菊蓝色、倒挂金钟紫色、紫色、肉桂紫色等。

4)暖色型人。暖色型人由于自身的固有色特征呈现橙底调,所以温暖的色彩才能真正体现暖色型人固有的活力,如果错用了冷色调的色彩,暖色型人会显得憔悴不堪。暖色型人是可以用咖啡色画眉、眼线和眼影的。

用到蓝色时要用偏黄的蓝或偏红的蓝,即孔雀蓝色和紫蓝色,不能用纯粹的深蓝色和天蓝色。

腮红、口红可以用橘红色系、铁锈红色、枣红色等。提亮用色可以用金色或象牙白色,不适合用银色和纯白色。暖色型人尤其注意慎用黑色。

暖色型分为暖柔型(见图3—8)和暖亮型两种(见图3—9)。暖柔型人的用色在

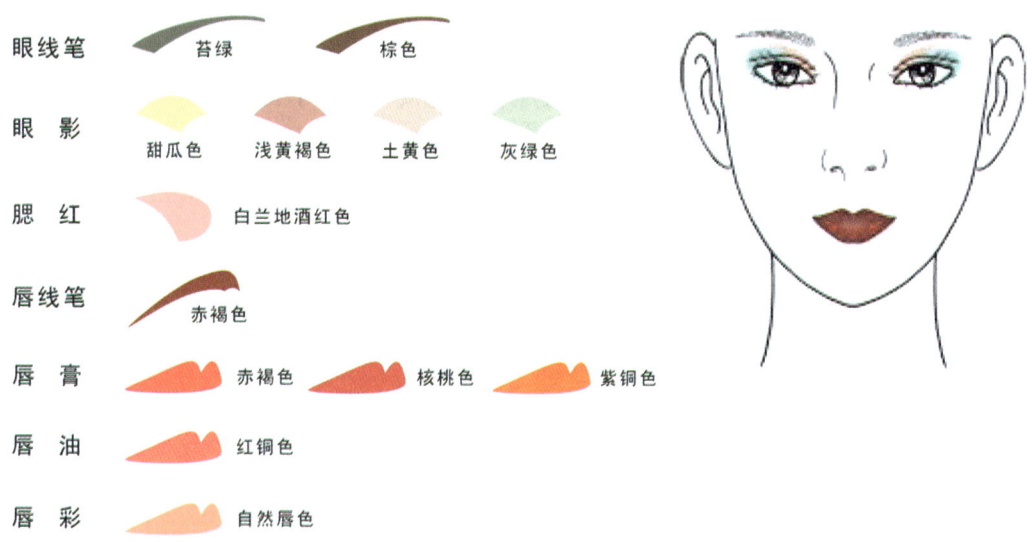

图3—8 暖柔型肤色的化妆用色范例

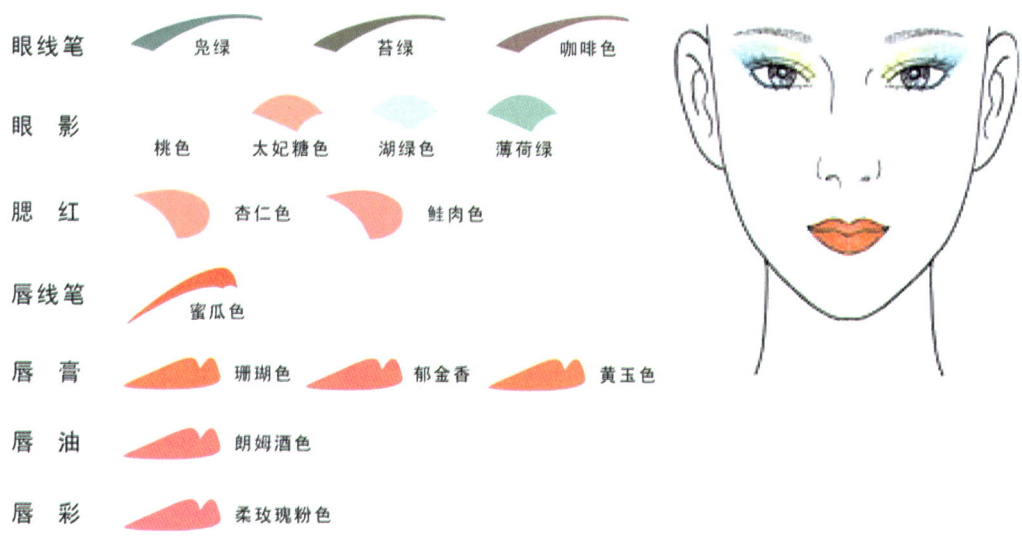

图3—9 暖亮型肤色的化妆用色范例

黄基调的前提下要柔和暗淡一些，如芥末黄色、南瓜色、鲑肉粉色、橄榄绿色、番茄红色、咖啡棕色等。

暖亮型人的化妆用色要用温暖且明亮的颜色，如鲜黄色、亮鲑肉色、鲜黄绿色、橘红色、水蓝色等。

5）净色型人。净色型人的面容色彩特征对比分明、反差大，适合用饱和度高的纯净的颜色，如柠檬黄色、翠绿色、正红色、樱桃色、倒挂金钟紫色、水蓝色、皇家蓝色等；越要表现净色型人自然清新的妆容，就越要用干净纯粹的色彩，只是要选透明质地的口红、眼影膏等，粉状化妆品的用量一定要少，就能画出自然的妆容。净色型人最漂亮的化妆用色是不要太含蓄的色彩，如鲜红色等亮丽的口红，碧蓝的眼影、眼线，睫毛膏除了黑色以外还可以用蓝色、绿色等，会非常出色。净色型人适合用亮光的色彩。净色型人对色彩的适应度较宽泛，但要回避用饱和度低的混浊色。

净色型人分净暖型（见图3—10）和净冷型（见图3—11）两种。净暖型人要用黄底调的明亮纯净的颜色，如柠檬黄色、亮鲑肉色、鲜黄绿色、蛋青色等。

净冷型人用蓝底调明亮纯净的颜色，如樱桃色、深凫色、倒挂金钟紫色、粉蓝色、中国蓝色等。

6）柔色型人。柔色型人也分为柔暖型人（见图3—12）和柔冷型人两种（见图3—13），适合用柔和的低饱和度的浊色来化妆，如灰褐色、绿玉色、

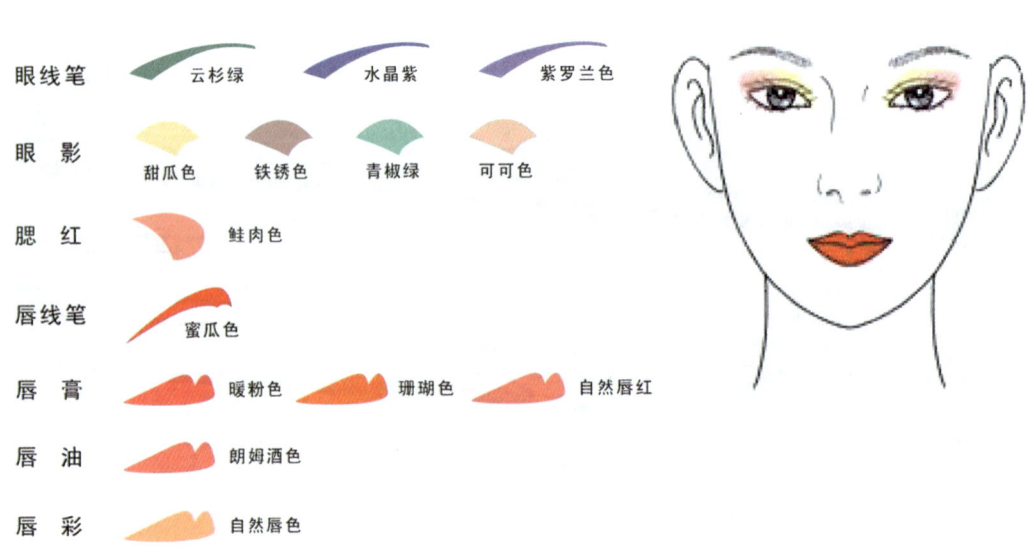

图3—10　净暖型肤色的化妆用色范例

第3章 化妆设计与实施

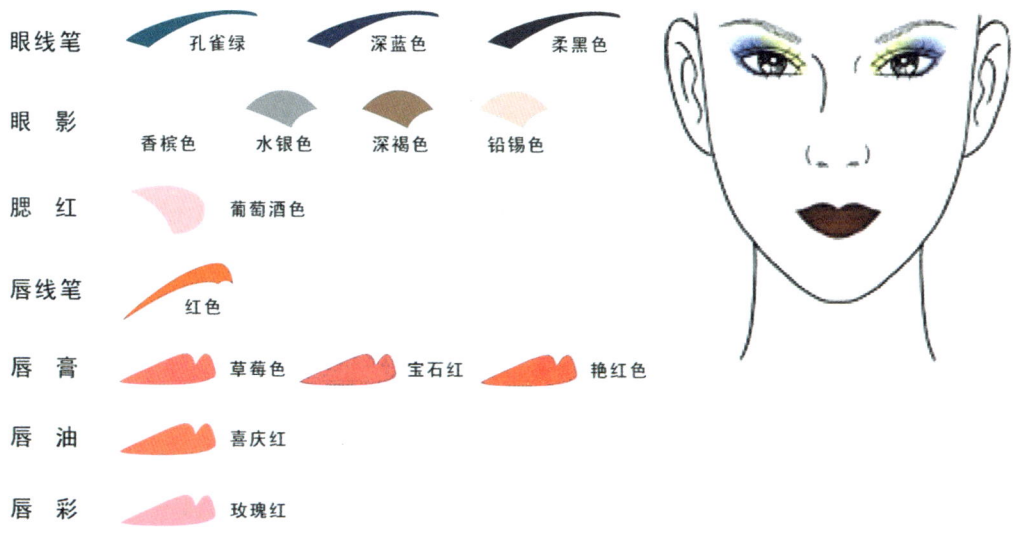

图3—11 净冷型肤色的化妆用色范例

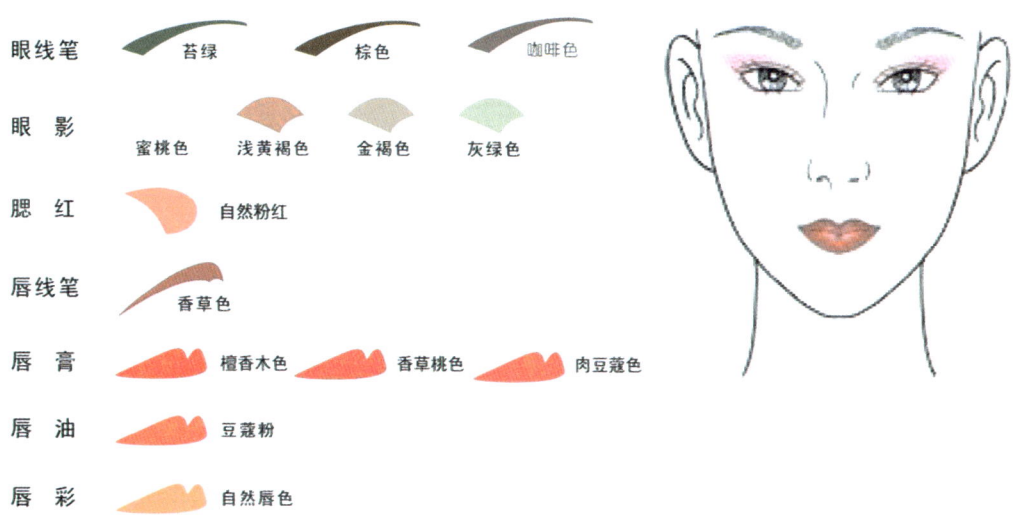

图3—12 柔暖型肤色的化妆用色范例

柔紫罗兰色、炭灰蓝色、炭灰色、巧克力色等，回避鲜艳纯净的高饱和度的色彩，如翠绿色、樱桃色、皇家蓝色等。柔色型人在中国人中的比例相对其他固有色特征的人数量较少，所以在日常化妆中要慎用灰基调的浊色，除了柔色型人外，其他色彩类型的人用低饱和度的混浊色化妆都会显得很脏、无精打采。

图 3—13 柔冷型肤色的化妆用色范例

柔色型人要回避纯黑色,连眉眼的描画都不要用到纯黑色,可用炭灰色、无烟煤灰黑色、灰褐色、可可色等来代替。柔色型人更适合用亚光的化妆品。

柔暖型人适合用暗橙色的腮红,肉色、铁锈红色等口红;柔冷型人适合用玫瑰粉色的腮红,柔粉紫色的口红。

**(2)服饰色与妆色的协调**

妆色与自然肤色的协调是化妆选色的重点,同时也要考虑服饰色与妆色的关系。

服饰色与妆色的协调,需要从两个方面去注意。一是服饰色要与人体自然色相协调,这是在第 2 章已经掌握的知识。二是服饰色要与妆色相协调。

1)服饰色与人体自然色的协调。通过皮肤色彩分析,可以找到属于个人的专属色,同时也会掌握服饰色彩搭配规律,以便使设计对象有效利用个人的专属色,使自己更具有魅力。

2)服饰色与妆色的协调。个人的专属色不下百种,仅从可见光来区分,就有赤、橙、黄、绿、青、蓝、紫七种。因此,为使个人的整体设计更协调,在服饰色确定后,在妆色上也应该以服饰色为标准,使服饰色与妆色协调起来。

①尽量使妆色与服饰色协调,如蓝色衣服配蓝色眼影、紫色衣服配紫色眼影等。

②穿鲜艳服装时,脸部的妆色应偏浓艳一些。

③穿淡雅服装时,脸部的妆色应淡雅一些,更突出自然的特点。

④穿冷色服装时,脸部可采用冷色系化妆(如果皮肤并非冷色,会使妆面看起来不附着)。

⑤穿暖色服装时,脸部可采用暖色系化妆(如果皮肤并非暖色,会使妆面看起来不附着)。

如图3—14所示,模特的头饰与眼影、服装等协调统一,使整体设计有了上下呼应的感觉,更突出活泼、青春、阳光的特点。

图3—14 服饰色与妆色的协调

**技能要求**

## 根据设计对象自然色的条件进行日常妆容设计的程序

步骤1:了解或分析设计对象的自然色类型(见图3—15),并用适合的口红涂唇,看一下整体效果,做验证。

步骤2:根据设计对象的自然色条件,提出化妆用色建议,并出示适合的用色搭配图例,指导设计对象化妆用色。

案例:图3—15中模特的皮肤色是暖亮型肤色,建议使用中高明度、中高纯度的暖色调的眼影用色,粉底使用象牙的乳白色。

步骤3:根据设计对象自然色进行日常妆容设计示范(见图3—16)。

使用属于自己色彩群的浅绿色或橘色,都能充分展现设计对象的皮肤质感,在颜色的衬托下,设计对象的肤质与颜色更协调。

图3—15 设计对象的素颜

图3—16 暖亮型肤色的妆色设计示范

**根据设计对象的服装色，进行妆面色彩协调示范**

步骤1：询问设计对象的服装色彩或让设计对象穿上造型时的服装。

步骤2：根据设计对象的服装色彩，选择同色系或对应色，即和谐的眼影、腮红、口红色。

步骤3：根据设计对象的服装色彩及出席的场合，用适合服装色的妆色来化妆示范（见图3—17）。

图3—17 根据服装色彩进行化妆设计示范

第3章 化妆设计与实施

# 学习单元 2
# 依据自然形条件进行日常妆容设计

## 学习目标

1. 了解根据设计对象自然形的条件进行日常妆容设计的程序。
2. 熟悉局部化妆方法。
3. 掌握矫正化妆方法。

## 知识要求

### 1. 局部化妆方法

#### （1）肤色的调整及面部修饰

肤色在化妆中起着至关重要的作用。皮肤犹如一面镜子，反映人的健康状况、年龄、情绪等。除了考虑肤色与粉底的协调外，还应考虑皮肤性质与粉底的关系。一般来说，粉底性质与肤质是相反的，如干性皮肤一定要用油性粉底，油性皮肤一定要用干性粉底。成功的化妆造型在很大程度上取决于肤色修饰的状况。肤色修饰效果也是检测化妆师基本功的重要内容之一。

由于肤色在整体化妆中起着重要作用，所以，在化妆中更应该利用各种手段使皮肤呈现健康、润泽的色彩。隔离霜既有对紫外线的隔离作用，也有调整肤色等功效，是打造完美底妆的重要产品。可按照个人的肤质与肤色类型合理选择隔离霜。偏黄或暗沉的皮肤使用紫色，偏红的皮肤使用绿色，起到补色调和的作用。

东方人的面部色泽不仅偏黄，而且轮廓立体感也不足，底色是弥补这种不足的最好产品。面部结构决定了面部一定富于起伏变化，这种微妙的变化不能只用一种色调的粉底来表现。因此，在面部修饰中，不同的部位要选择不同色调的粉底。粉底主要由基础底色、高光色、阴影色三种色调构成。

基础底色起到统一色调的作用，选择时要接近肤色，从而表现皮肤的自然质感。

高光色浅于基础底色，具有感觉开阔、凸起的作用。用在鼻梁、下眼睑、前额、下颌等需要凸起和提亮部位。

阴影色具有收紧、后退和凹陷的作用。利用阴影色，可使扁平的脸庞有立体感。同时，阴影色也可做鼻侧影使用。阴影色要比基础底色暗三四度，可根据肤色深浅、妆面浓淡程度选择深咖啡色或浅咖啡色的阴影色。

**（2）粉底的涂抹手法**

打粉底是借助海绵、手指或粉底刷来实施的。用粉底刷直接蘸粉底，在手背上使粉底刷蘸粉均匀后，直接刷在脸上，方向是由内向外，内重外轻。好的粉底刷上完粉底后不会有明显的粉痕，但是建议再用海绵（或温热的双手）轻轻按压，使粉质均匀、服帖。用海绵涂抹粉底，可以使粉底与皮肤结合得更紧密，涂抹速度快且均匀；可以运用手指对海绵难以深入的细小部位（如鼻翼两侧、下眼睑及嘴角等部位）进行处理。海绵在使用前用清水蘸湿，挤干水分，可使粉底涂得更服帖。

1）印按法。这种手法最普遍，手按下去即将海绵滑向一旁，利用印按法可使粉底涂抹均匀，附着力强，效果自然。

2）点拍法。直上直下拍打，不做移动。用这种方法涂抹粉底，可使粉底与皮肤结合得更牢固，附着力更强。但大面积使用这种方法，会使粉底涂得过厚，底色显得不自然。如果用这种方法提亮或遮瑕效果更好。

3）平涂法。用海绵在面部来回涂抹，这种方法由于力度小，粉底附着力不强，只适用于粉底过厚需要减薄或上眼睑部位。

以上这三种手法可以根据需要配合使用，使粉底效果自然、柔和、服帖。

**（3）眉的画法**

眉毛在面部占有重要位置，它不仅在很大程度上左右面部表情，而且反映时尚与流行，特别是对矫正脸形、强调眼部的立体感起着重要作用。

画眉的步骤如下：

1）从眉腰开始入手，顺着眉毛的生长方向，描画至眉峰处，形成上扬的弧线。

2）从眉峰处开始，顺着眉毛的生长方向，斜向下画至眉梢，形成下降的弧线。

3）由眉腰向眉头处进行描画。

4）眉毛画完后用眉刷进行刷眉，使其柔和、流畅。

**（4）眼影的画法**

眼睛是心灵的窗户，眼睛的修饰决定了一个人的精神状态。一般眼影色都为深色，具有收敛作用，对强调面部的立体结构起到重要作用。眼影的画法有横向排列法、纵向排列法和结构晕染法。

1）横向排列法（见图3—18）。在上眼睑处，用两种或两种以上的眼影色彩由内眼角向外眼角横向排列搭配晕染，这种晕染方法比较适合东方人的眼睛，可充分体现眼睛的动感，使眼睛生动有神而具有立体感，是化妆师较常采用的眼影化妆方法。

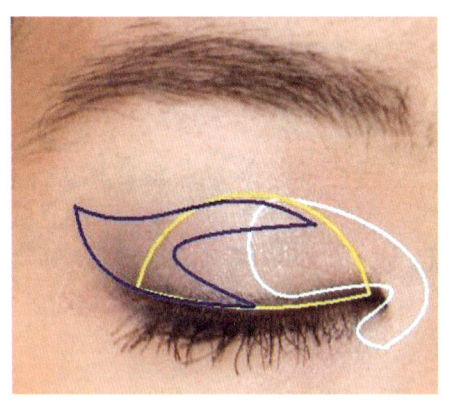 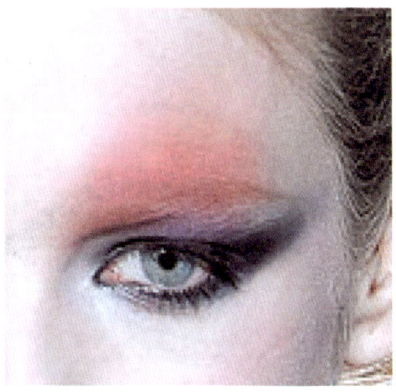

图3—18　横向排列法

① 1/2排列晕染法（左右晕染法）：将上眼睑分为左右两部分进行横向晕染，靠近内眼角的区域用浅色，靠近外眼角的区域用深色，如图3—18所示。两种颜色过渡柔和自然，不留痕迹。此种眼影排列方式色彩对比夸张，具有较强的修饰性，适用于晚妆、时装表演等修饰性较强的妆面。

图3—19　三色晕染法

②三色晕染法（见图3—19）：将上眼睑横向分为三个区域，中间为1区，内眼角为2区，外眼角为3区，一般用高光色在1区晕染，再由2区和3区分别往中间进行晕染，色彩过渡柔和自然。此种眼影搭配方法能充分体现眼部的立体感和眼部神采，适用于修饰性较强的妆型及东方人眼形较长者。

③ 1/3排列晕染法：由上眼睑横向分为两个区域（内眼角的区域大一些，外眼角的区域小一些）进行晕染。此种眼影搭配方法可采用对比色或邻近色，也可以根据个人需要随意变化，适用各种妆型及眼形（肿眼除外）。内眼角区域用浅色往外眼角晕染，外眼角区域用深色从外往里晕染。

2）纵向排列法。纵向排列法是较为传统的晕染方法，用单色或多色眼影色进行由深至浅或由浅至深的晕染方式。

①上浅下深晕染法（见图3—20）：是用眼影色沿睫毛根向上平行进行由深至浅的晕染方式。此晕染方式色彩过渡柔和自然，给人以典雅、清秀的感觉，适用于各种妆型，尤其适合单眼睑及眼睑浮肿者。操作时，可以从外眼角落笔，沿睫毛根部向内眼角处晕染，再向外平行进行由深到浅的晕染至恰当的位置。

图3—20　上浅下深晕染法

②上深下浅晕染法（假双眼睑晕染法）：即对单眼皮或眼睛形状不够理想的双眼睑，在上眼睑处画出双眼睑的效果。操作时，在双眼睑内用高光色进行晕染，在双眼睑位置上，进行上深下浅的晕染。使用这种方法时，化妆刷要直立，以加大用笔力度。随着向上推进，刷子与眼睑的角度逐渐减小，直至平贴在眼睑上，造成柔和的效果。

3）结构晕染法（见图3—21）。这是一种突出眼部立体结构的晕染方式。结构晕染法修饰性强，常用于舞台表演、化妆比赛及需要特别强调眼部风采的化妆。具体晕染方法是在上眼睑沟处根据眼睛结构画出一条弧线，强调眼睑沟的位置，从外眼角处沿着这条弧线向眼部中央晕染，颜色逐渐变浅，在弧线的下方和眶上缘提亮。

图3—21　结构晕染法

**（5）眼线的画法**

睫毛浓密的人能够加强眼睛的魅力，但随着年龄增长，眼睛的神采就会减弱。通过睫毛线的描画，使眼睑边缘清晰，并由于睑缘的加深而形

成了与眼部巩膜明显的黑白对比，增加了眼睛的光彩和亮度。同时利用睫毛线的位置及角度，可以调整眼睛的形状。

根据睫毛的特点，上睫毛浓粗，下睫毛淡细，外眼角睫毛重，内眼角睫毛稀淡，画眼线时要遵循从外往里、"上七下三"的原则，即上眼线画七分长，下眼线画三分长；要紧靠睫毛根画，而且要掌握外宽内细的方式。

### （6）唇的画法

唇是脸部肌肉活动机会最多的部位，而口红则能反映女性的个性、气质、品位和审美情趣，是充分展示女性内心世界的外部窗口。通过对唇的修饰，不仅能增加面部色彩，而且有较强的调整肤色的功能。

根据设计对象的性别、脸形等特点，设计者要确定几个点，然后用唇线笔勾画唇线，再沿画唇线的路径涂口红，如有必要可以在唇中间加亮色口红或高光色。

### （7）腮红的画法

脸颊是流露真实情感的部位，情绪波动时会产生较明显的颜色变化。红润光滑的面颊，自古以来就是人们衡量容貌美和健康的重要标准之一，腮红也常常成为化妆师展示女士神态风韵以及矫正脸形的一种手段。

操作时，选一款适合设计对象的腮红色，从颧弓下陷处开始，由鬓部发际线向内轮廓进行晕染。再用比刚才一款较浅的腮红色，在颧骨上与上面的色衔接，由鬓部发际线向内轮廓进行晕染。

## 2. 矫正化妆方法

每个人的骨骼特征决定了每个人的面部是独一无二的。因此，在人物造型中要善于捕捉人物面部五官的特点，运用恰当的化妆技法展现个人魅力，使容貌更近完善。

矫正化妆存在于一切化妆造型中，有广义和狭义之分。广义的矫正化妆是指通过发型、服装颜色及款式、服饰及化妆等手段对人物进行总体调整，赋予人物生命力，起到美化形象的作用，这是矫正化妆的最高境界。狭义的矫正化妆是指在了解人物特点及五官比例的基础上，利用线条及色彩明暗层次的变化，在面部不同的部位制造视错觉，使面部优势得以发扬和展现，缺陷得以改善，这是化妆师所掌握的最基本的技能。在矫正化妆中，化妆师的关键是要在掌握标准五官比例的基础上找"平衡"。

### （1）各种脸形的修饰

1）圆形脸。圆形脸面颊圆润，额骨、颧骨、下颏以及下颌骨转折缓慢，脸的长度与宽度的比例小于4∶3。圆形脸的矫正如图3—22所示。

①脸形的修饰：利用阴影色在外轮廓及下颌角部位进行晕染，使其收敛。利用亮色强调额骨、鼻骨，使鼻梁直挺，加长脸的长度，同时在眶上缘、颧骨至眼底处及下颏中央提亮。

②眉毛的修饰：使眉毛上扬，加长脸的长度。眉头略压低些，眉梢略上扬，呈微吊形。

③眼部的修饰：加强眼形的长度，从视错觉上缩短脸的宽度。晕染时应着重上眼睑的描画，睫毛线眼尾处略粗，要高于眼睛的轮廓并向外拉长。

④鼻部的修饰：运用亮色和阴影色，增强鼻部的立体感。从额骨至鼻尖部位提亮，使鼻形拉长。用阴影色晕染由眉头至鼻尖的部位。

⑤面颊的修饰：强调面颊的结构，加强面颊的立体感。由颧骨外缘做斜向的晕染，颧弓下陷部位略深，向里颜色渐弱。

⑥唇部的修饰：唇形略带棱角，从而削弱面部的圆润感。勾画轮廓时，唇峰略带棱角，下唇底部平直，唇形不宜强调厚度，可选用偏艳丽的颜色，以局部冲淡整体，从而忽略原有脸形的不足。

⑦轮廓红：涂于耳边侧发际和下颌角边缘部位。

2）方形脸。方形脸线条较直，前额与下颌宽而方，角度转折明显，脸形的长度与宽度相近。方形脸的矫正如图3—23所示。

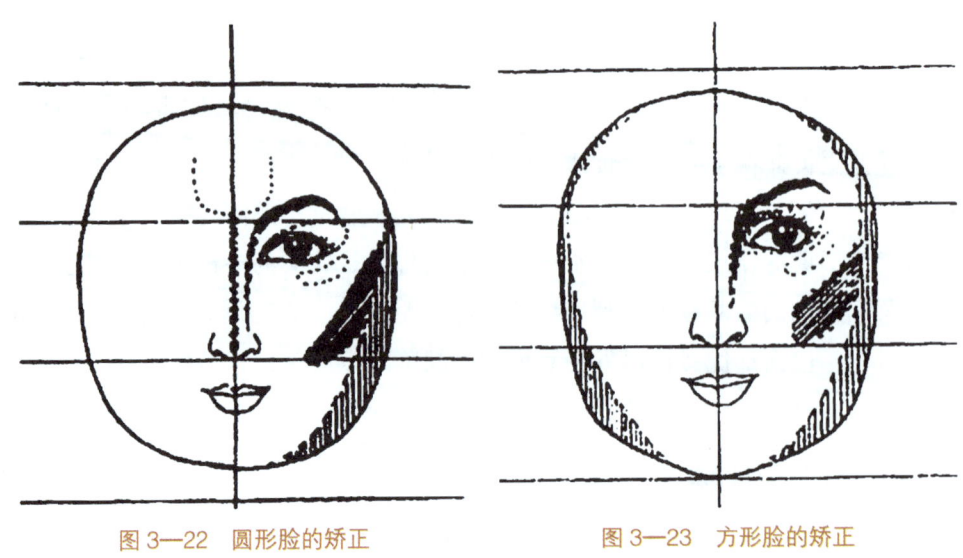

图3—22　圆形脸的矫正　　　　图3—23　方形脸的矫正

①脸形的修饰：利用阴影色削弱宽大的两腮及额头，使面部柔和圆润。选用浅色涂于面部的内轮廓，利用亮色强调额中部、颧骨上方及下颌部，使面部中间突出。深色用于外轮廓，并将阴影色涂于额角、两腮及下颌角两侧。

②眉部的修饰：眉毛呈弧形，削弱脸形的棱角感。眉峰可略向前移，但不宜太明显，眉梢不宜拉长。

③眼部的修饰：强调眼部的圆润感。睫毛线的描画可略粗些，上睫毛线的眼尾向上扬，下睫毛线可画满，眶上缘使用亮色，以增强眼部的立体感。

④鼻部的修饰：鼻侧影应突出表现高耸挺阔，不宜过窄。提亮色施于鼻梁正中，由眉间至鼻尖晕染，过渡要柔和自然。

⑤面颊的修饰：强调面部的圆润感和收缩感。腮红的位置可略提升，在颧骨下缘凹陷处偏上施用略深的腮红色，而向上至颧骨则选用淡色，可起到收缩面颊的作用。

⑥唇部的修饰：唇形略显圆润，从而削弱面部的棱角感。两唇峰不宜过近，唇形可描画得圆润些，下唇则以圆弧形为佳。

⑦轮廓红：将轮廓红涂于两额角边的侧发际、两下颌角边缘。

3）长形脸。长形脸两颊消瘦，面部肌肉不够丰满，三庭过长，大于4∶3的面部比例。这种脸形让人看起来缺少生气，并有忧郁感。长形脸的矫正如图3—24所示。

①脸形的修饰：选用浅肤色粉底涂于面部内轮廓，深肤色粉底用在外轮廓。用阴影色在前额发际边缘及下颌骨边缘晕染，但要注意与底色的衔接。提亮色运用在鼻梁与鼻骨的明暗交界线上，以加宽鼻梁。颧弓上也应施加亮色，可增加面部的立体感。同时应在眼窝处使用阴影色，眶上边缘用亮色，可增加立体感，但要过渡得自然柔和。

②眉部的修饰：适宜描画平直而略长的眉形，眉毛不宜过细，可稍粗些，以扩充前额的宽度，从而使整体脸形横向拉长。

③眼部的修饰：眼影在上眼睑外眼角描画，可适当向外晕染；下眼睑处的眼影可适当向下晕染，以扩充眼部的面积。上睫毛线描画时可适当加长，下睫毛线可稍加点缀，使眼睛显得大而有神。

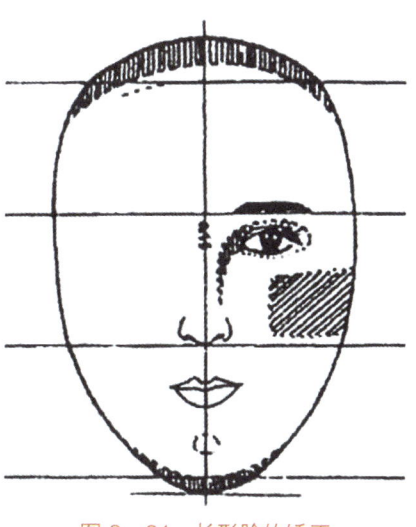

图3—24　长形脸的矫正

④鼻部的修饰：长形脸的人不宜强调鼻侧影的修饰，因为这样会使长形脸的特点更为突出。鼻梁两侧的阴影色晕染面积要窄而短。将亮色涂于鼻梁正中部，面积要宽，但上下晕染要短，要使鼻梁显宽，并收敛其长度。

⑤面颊的修饰：腮红应横向晕染，颧骨外缘略深，向内逐渐变浅，这样可丰满面颊，缩短脸的长度。若脸形宽而长，腮红应斜向晕染，由颧骨斜向下渐淡，也会起到改善脸形的效果。

⑥唇部的修饰：唇峰的勾画略向外，唇形宜圆润饱满，唇底部勾画略宽些。

⑦轮廓红：将轮廓红涂于额的上边缘及下颌处。

4）三角形脸。三角形脸的额两侧过窄，下颌骨宽大，角度转折明显，下颌与下颌角平行，使脸的下半部宽而平。三角形脸的矫正如图3—25所示。

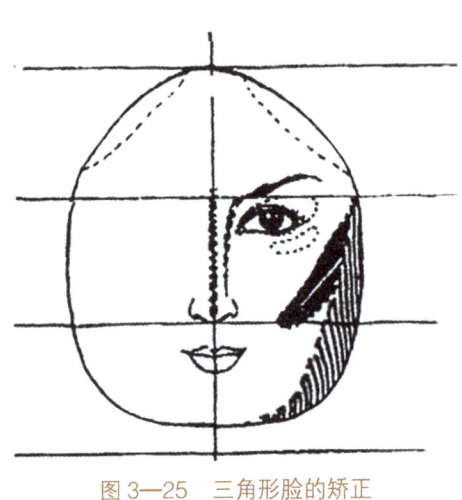

图3—25 三角形脸的矫正

①脸形的修饰：先涂基础底色，后用深色底色涂在两腮宽大的部位，再于额角使用浅色粉底，用提亮色涂于前额、眶上缘及颧骨外上方；同时也可在下颌中部使用少许亮色，使其突出。在两腮及下颌骨两侧运用阴影色，以收缩下半部体积感。

②眉部的修饰：眉宇间距可略宽些，眉毛可描画得细且稍长些，要有一定的曲线感，但不可下垂。

③眼部的修饰：上眼睑的眼影重点是描画外眼角，可适当向斜上方斜向晕染，下眼睑也应在外眼角处稍加点缀，上下呼应。睫毛线可适当拉长并上扬，这样可使眼睛增加魅力。

④鼻部的修饰：鼻影可将鼻梁塑造得高而挺拔，但鼻根部不宜过窄。如果鼻翼过宽，应用阴影色修饰。

⑤面颊的修饰：可先用咖啡色或较深的胭脂涂于颧弓外下方，再选用浅色胭脂涂于颧弓处，使面颊显得有立体感。

⑥唇部的修饰：勾画唇线时，唇峰和下唇底的轮廓要圆润。

⑦轮廓红：将轮廓红涂于下颌角边缘。

5）倒三角形脸（心形脸）。倒三角形脸为前额较宽，下额较窄，属上宽下窄型，给人以秀美、纯情、活泼、开朗的感觉；脸形轮廓较清爽、脱俗，但也会给人留下病态的感觉。倒三角形脸的矫正如图3—26所示。

①脸形的修饰：先涂基础底色，然后在前额两侧、颧骨、下颌处涂深肤色粉底；在颧弓下方消瘦的部分施浅肤色粉底，做初步整体的修饰。用阴影色在两额角及下颌尖处进行修饰，提亮色则用于消瘦的面颊两侧，以丰满面部外形。

②眉部的修饰：眉形宜描画成拱形，眉峰略向前移，但不宜过粗过长，眉宇间距离可适当缩短。

③眼部的修饰：应着重上下眼睑内眼角处的眼影描画，但面积不宜过大。上下睫毛描画适中，不宜过长。

④鼻部的修饰：根据鼻子外形，在鼻梁两侧做阴影，鼻梁中部涂亮色，增加鼻子的立体感。

⑤面颊的修饰：由于面颊消瘦，腮红可做横向晕染，过渡要自然，不要形成大面积的色块。

⑥唇部的修饰：唇形要丰满些，但唇形不宜过大，唇色可选择艳丽的色彩，使整体妆面更突出。

6）菱形脸。菱形脸为额角偏窄，颧骨较高，两腮消瘦，下巴过尖。脸形单薄而不丰润，给人一种尖锐、敏感、不易亲近的感觉。菱形脸的矫正如图3—27所示。

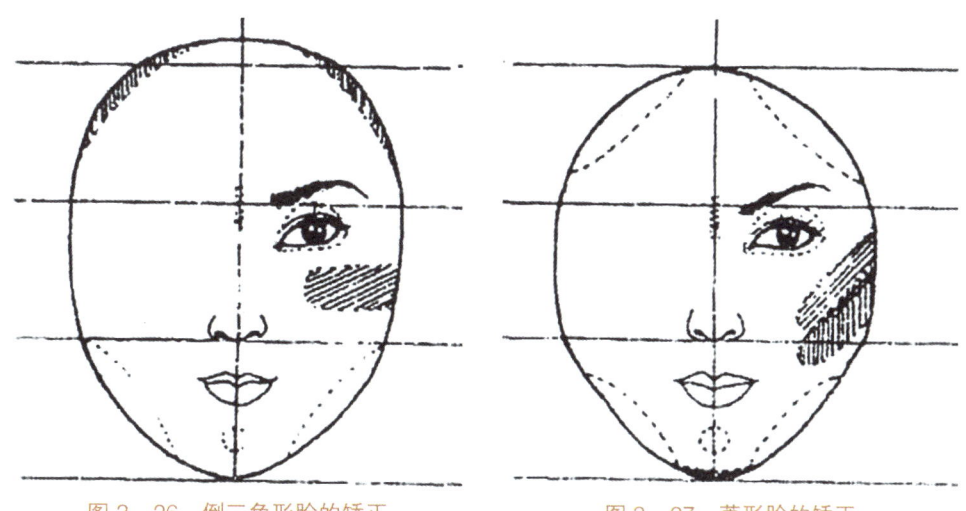

图3—26　倒三角形脸的矫正　　　　图3—27　菱形脸的矫正

①脸形的修饰：先用浅肤色打底色，然后在颧骨及下颌处用深肤色来遮盖过高的颧骨和过尖的下巴。利用阴影色削弱颧骨的高度和尖下颌，在两额角及下颌两侧消瘦的部位施用提亮色，可使脸形显得丰满一些。

②眉部的修饰：眉形可自然舒展，眉宇间距可适当拓宽，以拱形眉适宜并可稍长些，但不可下垂。

③眼部的修饰：着重上眼睑外眼角的描画，下眼睑的眼影可适当向外围晕染，用以丰满下眼睑。上睫毛线可适当加长且尾部上扬。

④鼻部的修饰：鼻影不宜修饰过窄，应着重表现鼻梁挺阔的效果，晕染要柔和。

⑤面颊的修饰：色彩应淡雅，不宜修饰过重，在颧骨上淡淡地晕染，颧弓下方颜色可略重，上方颜色略浅，体现面部自然的柔和红润感。

⑥唇部的修饰：唇形应圆润一些，唇峰不可过尖，下唇唇形以圆弧形为宜。唇色可略鲜明，用来转移对脸形的关注。

**（2）局部矫正技巧**

在矫正化妆中，同样的脸形也可能有不一样的五官。因此，在掌握脸形修饰的基础上，还要掌握不同五官的修饰方法。

在面部五官中，眉、眼、唇是面部最能表达感情和传神的器官，是女性展现魅力的部位；鼻，位于面部的中央，与其他面部器官的有机结合直接决定了整个面部的美感。因此，眉、眼、鼻、唇是面部刻画的重点。额头、下颌虽然不作为化妆重点，但也不能忽视。

1）下颌（见图3—28）的矫正。下颌是指唇以下的部分，包括下颌骨和下颏。下颌骨位于面部下方两侧，最凸起的部位称为颌结节。下颌骨及颌结节的大小对脸形的影响很大。

理想的下颌是下颌骨圆润，下颌与额呈水平面，与唇之间形成颌沟。女性的下颌显得圆润，弧度转折缓慢，窄于颧骨。男性显得方而有角度，与颧骨基本呈垂直状态。

①方下颌：在下颌骨的颌结节处涂阴影色，下颌上涂亮色和少许胭脂，使下颌圆润饱满而突出，下颌骨收敛。

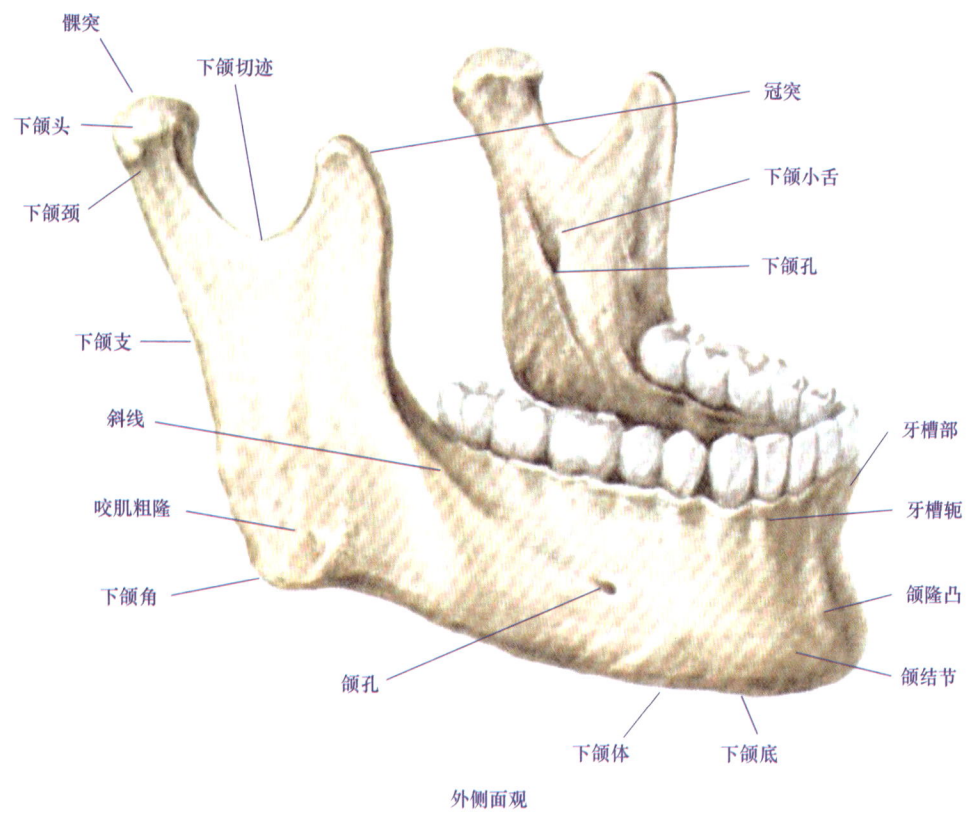

图3—28　下颌的骨骼结构

②尖下颌：将阴影色或深色粉底涂于下颌部位，两腮部涂亮色到耳根，并在腮部的亮色边缘加少许轮廓红，使下颌长度得到收敛，两腮显得圆润饱满。

③短下颌：将亮色涂于下颌部位，两腮部略用阴影色收敛，同时面部的其他部位也适当收敛。

④平下颌：将亮色涂于下颌的颏结节部位，使下颌突出。下颌与唇之间涂略深的阴影色晕染，使下颌与唇之间显出凹凸结构。

⑤颏沟过深：颏结节部位涂阴影色或深色粉底收敛，颏沟部位涂略浅的粉底，使颏沟显得浅一些。

2）眉形的矫正（见表3—1）。眉毛距离眼部最近，它对眼睛有直接的修饰作用，由于眉毛是面部中色泽最重的部位，也最容易引起人们的注意。眉毛形状可以决定和表达一个人的内在情感和气质。

表 3—1　　　　　　　　　　各种眉形的矫正方法

| 眉形 | 状态 | 图　例 | 方　法 |
|---|---|---|---|
| 向心眉 | 矫正前 | | ・除去眉头之间过近的眉毛，但不要有人工痕迹，否则会有呆板、不自然的感觉<br>・将眉峰向后移，描画时可适当延长眉梢的长度 |
| | 矫正后 | | |
| 离心眉 | 矫正前 | | ・在眉头内侧，按照眉毛的生长状态，描画出虚虚的眉头<br>・描画时要使人工修饰的眉头与眉体本身衔接自然，同时眉峰可略向内移 |
| | 矫正后 | | |
| 斜眉 | 上斜眉矫正 | 前　　　后 | 适当修去眉头下方及眉梢上方的眉毛，使其尽量水平 |
| | 下斜眉矫正 | 前　　　后 | 将眉头下方及眉梢上方的眉毛修去。描画时侧重于眉头下方及眉梢上方的弥补 |
| 粗杂眉 | 矫正 | 前　　　后 | 配合脸形设计眉形。同时可在眉峰至眉梢部位涂少许酒精胶，再用眉笔加重色调 |
| 细淡眉 | 矫正 | 前　　　后 | 根据脸形调整弧度，强调眉峰，按眉毛的生长方向一根根描画，将眉形加宽 |

3）眼形的矫正（见表3—2）。眼睛被视为心灵的窗户，会用无声的语言传递内心的情感。针对眼睛的修饰，可利用眼影色彩的明暗变化和眼线线条的准确运用来体现，即采用综合性的矫正方法。

## 第3章 化妆设计与实施

表 3—2　　　　　　　　　各种眼形的矫正方法

| 眼形 | 矫正前后图例 | 矫正方法 |
|---|---|---|
| 上斜眼 | 前<br>后 | **特点**：又称吊眼，给人机敏、锋利、高傲的印象<br>**眼影**：在内眼角的上端用橙、粉等浅色，纵向提升晕染，使其产生扩张、提升感。外眼角可用深色等，使其产生收缩、降低感。下眼睑外眼角处的眼影色可适当向外晕染<br>**眼线**：内眼角处可适量加宽、加粗，下眼线由外眼角处靠外的部分起笔横向进行描画，上面的颜色略深于下面<br>**眉毛**：配以略弯曲的眉形，可有效对上斜眼进行矫正 |
| 下斜眼 | 前<br>后 | **特点**：内眼角高，外眼角低。给人忧郁、冷漠、软弱的印象<br>**眼影**：着重外眼角上方的晕染，可选玫红色、橙色等。内眼角上方可选用棕色、蓝色等，晕染不宜过大；内眼角下部略加棕色<br>**眼线**：应根据外眼角下斜的程度适当提升落笔位置，并在尾部加粗及上扬。向内延伸则不用一直画至内眼角，可在中间位置淡出<br>**眉毛**：应根据眼睛下斜的情况做适当上扬或平直的修饰 |
| 肿眼泡 | 前<br>后 | **特点**：上眼睑肥厚，给人沉着稳重、忧郁、不开朗的印象<br>**眼影**：运用水平晕染，由睫毛根处颜色最深逐渐向上渐淡，在上眼睑沟处用偏深的结构色表现，眼影色可选棕、褐等颜色。应在鼻梁骨、眉弓骨、眶外缘处用亮色使其突出<br>**眼线**：上眼线略宽，中间尽量平直，尾部可略上扬；下眼线尾部着重描画，但不宜过粗，画至眼中部可自然淡出<br>**眉毛**：眉毛不宜修饰得过细，可适当加强棱角的表现 |
| 小眼睛 | 前<br>后 | **特点**：给人以温和，但眼睛缺乏神采、印象不深刻之感<br>**眼影**：以棕色、灰色等颜色为宜，靠近上眼睑睫毛根部颜色较深，越向上晕染，颜色越浅。眶上缘处可施用亮色眼影粉，来达到突出眼睛的立体效果<br>**眼线**：由内眼角至外眼角处由细渐粗，尾部可适当加长。下眼线亦由外眼角至内眼角，逐渐变细，但上下眼线不闭合<br>**眉毛**：不宜描画得太粗，要注意眉形的美观 |

续表

| 眼形 | 矫正前后图例 | 矫正方法 |
|---|---|---|
| 细长眼 | 前<br>后 | **特点**：眼裂窄小、细长，显得无神<br>**眼影**：重点在上眼睑的中部做相对集中、略微向上的晕染，宜选用橙色、粉红色等，在靠近内眼角及外眼角处做淡化处理，并在眶上缘施用亮色，增加眼部的立体感<br>**眼线**：上下眼睑的中部可略粗，两头略细，但不可延长，且要过渡自然<br>**眉毛**：可随眼形描画，并适当缩短眉尾的长度 |
| 单眼皮 | 前<br>后 | **特点**：a 型，上眼睑处有肿胀现象。b 型，上眼睑处脂肪较少，有眼窝<br>**眼影**：a 型，在上眼睑睫毛根处，运用较深的咖啡色等，做向上晕染。b 型，可在距上睫毛线约 5mm 处，施用咖啡色，并逐渐向上晕开呈自然弧形，靠近睫毛根部施用亮色，造成"假双"的修饰效果。下眼睑处的眼影和上眼睑相呼应，也可略向下晕染，使眼睛显得大而有神<br>**眼线**：a 型，可修饰成上下同样粗的效果，且上眼线尾部可略向外扬。b 型，上眼线在睫毛根处深，边缘柔和，尾部略上扬<br>**眉毛**：a 型，眉毛不宜修饰得过细，可略粗些。b 型，眉毛随眼睛弧度自然描画，但不可过粗 |
| 杏核眼 | 前<br>后 | **特点**：眼睛像杏核，给人感觉机灵，但有时会显得严厉<br>**眼影**：做横向晕染，内眼角处可向鼻根处晕染，外眼则向外上方晕染，眼部中间的眼影晕染不宜过高，在眶上缘处施用亮色<br>**眼线**：上眼线的描画应由内眼角至外眼角并由细渐粗，尾部可略上扬，但其中部应尽量平直；下睫毛线应描画得平直，尾部可略向外加长<br>**眉毛**：眉毛可修饰得平直而长些 |
| 眼距窄 | 前<br>后 | **特点**：两眼间距小于一只眼睛的长度，给人感觉内向、拘谨<br>**眼影**：眼影重点在外眼角，晕染面积可向外延伸<br>**眼线**：上眼睑处的睫毛线在尾部可向外拉长，不必描画一整条睫毛线，但应根据实际情况进行适当的调整<br>**眉毛**：眉头可略向后移，适当延长眉尾，尽量使两眉间的距离等于一只眼睛的长度 |

续表

| 眼形 | 矫正前后图例 | 矫正方法 |
|---|---|---|
| 眼距宽 | 前<br>后 | **特点**：给人一种幼稚、年轻、开朗的感觉，但若过大则有精神不集中的感觉<br>**眼影**：注重内眼角的描画，用深颜色过渡到鼻侧影，以减少距离感<br>**眼线**：上眼睑的睫毛线在内眼角处可向前探入2～3mm，且前半部睫毛线略粗重，至外眼角时渐细，但不可拉长<br>**眉毛**：眉头可略向前移，尽量使两眉间距等于一眼的长度 |
| 眉眼窄 | | **特点**：眉眼之间过窄，会给人严肃、忧郁的感觉<br>**眼影**：选择浅粉、水绿等明亮或温和的颜色，自上眼睑根部向上晕染，眶上缘处使用带珠光的亮色。下眼睑处使用珠光色并可向下晕染<br>**眼线**：上下眼线的描画应依据眼形而定，但都应保持纤细，且上眼线略深于下眼线<br>**眉毛**：去除下半部分一些眉毛，描画微吊眉或拱形眉，扩充眉毛与眼睛之间的空间 |
| 眉眼宽 | | **特点**：眉眼距离过宽，会使眼睛显得没有神采和空洞<br>**眼影**：眼影可选用蓝色、紫色等。上眼睑处的眼影由睫毛根向上晕染，但不要与眉毛相接，在眶上缘处不使用亮色。下眼睑的眼影晕染重点在睫毛线边缘，不扩散<br>**眼线**：上眼线可适当加粗加重，尾部略有上扬，下眼线可做淡化处理<br>**眉毛**：将眉毛上半部分去除，尽量降低眉的位置。在此基础上描画平直眉，可略向下加粗 |
| 眼袋肿大 | 前<br>后 | **特点**：下眼睑处的眼袋肥厚浮肿，显得眼部疲倦无神<br>**眼影**：眼影宜选用温和的颜色且不宜过分强调<br>**眼线**：可增重上眼睑的描画，下眼睑处的眼线可选用浅咖啡色或做淡化处理 |

4）鼻形的矫正（见表3—3）。鼻部位于面部的正中央，是面部的最高部位。由于它突出、醒目，因而同样决定着人容貌的美观。鼻部的修饰方法主要是涂鼻侧影和提亮。鼻侧影面积的大小、位置的高低都会使鼻形发生相应变化。

表3—3　　　　　　　　　　　各种鼻形的矫正方法

| 鼻形 | 特点 | 矫正图例 | 矫正方法 |
|---|---|---|---|
| 矮鼻梁 | 面部中央凹陷，面部缺乏立体感 | | 重点在于利用阴影色和亮色提高鼻梁的高度。将较深的阴影色涂于内眼角窝部位，自眉头与鼻根相接处向鼻尖晕染，鼻梁上涂亮色。晕染时要掌握好色调的明暗过渡，亮色、阴影色衔接要自然 |
| 鼻子长 | 使鼻子显细，脸形显得过长。面部呆板 | | 重点在于减少鼻侧影的长度，刻画鼻部中央。鼻侧影不能全部晕染，应在鼻梁中部两侧上下渐弱，鼻梁上部平行向内眼角至上眼睑延伸，不与眉头相接。用亮色在鼻梁中部提亮 |
| 鼻子过短 | 脸形显得过短。五官紧凑，给人以紧张、不开朗的感觉 | | 重点在于加强鼻侧影的长度。将阴影色从眉间的鼻根处至鼻尖做纵向晕染，鼻梁上的亮色晕染要从眉尖到鼻尖，如鼻子过于短，还可延伸至鼻中隔做晕染，使鼻形拉长 |
| 鼻翼过大 | 有头重脚轻的感觉，使人显得不秀美 | | 重点在于利用亮色和阴影色加强鼻头部位的立体感。鼻根、鼻梁用亮色晕染，使其显高、显宽，鼻尖用亮色，鼻翼用阴影色，突出鼻尖，缩小鼻翼与鼻梁不协调的差距 |
| 歪鼻梁 | 影响整体脸形的周正 | | 重点注意鼻梁的凹凸部位。在歪凹的部位用高光色提亮，在歪凸的部位用阴影色 |

# 第3章 化妆设计与实施

5)唇形的矫正(见表3—4)。唇是面部最活跃的部位,同时也是最能体现女性魅力的部位,为了达到较为理想的唇形,人们主要通过遮盖、勾画等手段进行矫正。

表3—4　　　　　　　　各种唇形的矫正方法

| 唇形与图例 | 特点 | 矫正方法 |
| --- | --- | --- |
| 嘴唇过厚 | 性感饱满,但缺少秀美的感觉 | 在于运用遮盖的手法调整唇形的厚度。首先在涂底色时用粉底掩盖唇部边缘,然后用唇刷将唇部轮廓向内侧勾画,最后涂抹口红,这样可使外轮廓柔和,从而使人们忽略对唇部的注意力 |
| 嘴唇过薄 | 不够大方,缺少曲线美 | 在于运用唇线勾画出较丰满的唇形。用唇线笔将轮廓线向外扩展,上唇的唇线可描画得圆润些,下唇要增厚。在扩充的部位选用略深的口红与唇色相接,唇中部可用淡色珠光口红或唇彩,使唇丰满 |
| 嘴角下垂 | 严肃、不开朗,有年龄感 | 在于调整唇角的高度。唇峰略压低,唇角略提高,嘴角向内收。描画下唇线时,唇角向内收敛与上唇线交会,唇中部要比唇角略浅些 |
| 鼓突唇 | 有外翻的感觉 | 采用转移的方法。唇线可模糊些,产生凹凸的效果。唇色宜选用中性色。加强眼部的修饰,转移人们对唇形的关注 |
| 唇形过小 | 使面部失调 | 调整唇部的宽度和厚度。用唇线笔将唇形微向外廓扩充,但不可扩充过大,在2mm左右,唇部色彩宜选用偏暖的淡色 |
| 唇形过大 | 面部失调且缺少灵气 | 重点强调唇部的立体感,使唇部有一定的棱角。在涂面部底色时,将唇部轮廓进行遮盖,用唇线笔勾画唇形时要微向里收缩2mm左右,上唇强调唇峰,下唇则描画成船形,唇部色彩宜选用中性色彩 |
| 平直唇 | 唇峰不明显,缺乏曲线美 | 重点在于强调唇部的轮廓结构。勾画上唇线时,用唇线笔勾画唇峰,并把唇角向里收,下唇画成船形,然后根据喜好添入口红色 |

> 技能要求

## 根据设计对象自然形的条件进行日常妆容设计的程序

**步骤1：分析设计对象的自然形条件（见图3—29）。**

自然形分析：放大的蛋形脸，下颌有点宽，且左右不对称；鼻翼有点大；眼距较宽，眉眼距也较宽；下唇有点厚。

**步骤2：根据自然形的条件提出化妆修饰建议。**

建议：通过鼻侧影及内眼角的深色眼影，拉近眼距；同时眼影通过从睫毛根部向上晕染，减小眉眼之间的距离；在鼻翼加阴影，使鼻子看起来更秀气；描画眉头并压低眉毛；遮盖下唇形并勾画出标准形。

**步骤3：完成妆面，实践化妆建议（见图3—30）。**

图3—29 分析自然形

图3—30 根据自然形设计的妆容

# 第 2 节 实施

## 学习单元 1
## 生活妆的化妆步骤及技法

**学习目标**

1. 了解生活妆所需用品用具的选择及使用方法。
2. 熟悉生活妆的操作程序。
3. 掌握生活妆的特点及化妆要求。

**知识要求**

### 1. 生活妆的特点及化妆要求

生活妆有妆型之分，即日妆、新娘妆、晚宴妆等，无论什么样的妆型都会有化妆的主体——人，以及相应的条件，即时间、地点、场合等因素，在各种生活妆造型中，两者密不可分，缺一不可。

（1）日妆造型

日妆也称淡妆，是根据人物所处的不同场景，其应用范围较为广泛。日妆又可分为职业妆、郊游妆、休闲妆等。职业妆适合严肃的工作场合，因此，要以简洁明快为主。郊游妆是以踏青、远足为活动主题而进行的化妆，因此，化妆应有朝气、有活力、健康动感。休闲妆要体现个性和时尚，重点在眼部、唇部的描画，体现时代感。

1）日妆特点。日妆用于人们日常生活和工作中，表现在自然光线和日光灯下，要求对面部进行轻微修饰，以达到与服装、环境等因素的和谐统一。无论什么妆型，妆色要求清淡、典雅、协调自然，化妆手法要精致，不留痕迹，妆型效果自然生动（见图3—31）。

图3—31 清爽、淡雅的日妆

2）日妆造型要求

①肤色的修饰：肤色以自然、透明为出发点进行修饰。为了显示皮肤有光泽透明的质感，一般选用接近肤色的乳液粉底，使肤色显得自然真实。粉底涂抹要薄而均匀，过厚的粉底会使肤色在自然光线下失真，涂抹时注意面部与脖颈部位的底色相衔接。皮肤质感细腻的人使用粉底时不需要做面部整体的涂抹，可做"T"区部分局部涂抹，在接近面部边缘几乎不要有任何颜色。用这种真假结合的方式，能增加肤色的可信性。皮肤有瑕疵者可在使用底色之前用遮瑕膏先进行遮盖，但要注意遮瑕膏与粉底自然衔接，使面部肤色洁净自然。

使用无色透明的蜜粉进行定妆，可减少皮肤过多的油光并可防止脱妆，避免皮肤出现斑驳。

②眉眼的修饰：眼影多采用单色晕染法，晕染面积要小，用色要与环境相协调，不宜使用较夸张的晕染方法。眼线根据眼形描画，线条要流畅自然，注意虚实结合。睫毛浓密、眼形条件好的，可不画眼线，只需强调眼线的漂亮曲线和睫毛浓度。眼形、睫毛条件一般者，可选用黑色或棕黑色眼线笔描画睫毛线，画完后要用笔擦揉开，尽量使其自然。睫毛膏的颜色多选用棕黑色和黑色。眉色多选用棕黑色或灰黑色，原则上是眉毛色应该与头发色一致。眉毛要描画自然，虚实结合，也可先用眉刷蘸上眉粉刷出眉毛的浓度，再用眉笔做进一步修整。

③腮红和唇红的修饰：腮红颜色要清淡柔和，如果肤色健康、着装素雅则可免去这一程序。唇色应与整体妆色协调统一，最好选择接近天然唇色的口红

颜色。描画时尽量保持唇的自然轮廓。

④发型与服饰：日妆搭配的发型与服饰要与人的气质、职业、环境等方面协调，整体造型要简洁大方，有现代气息。

**（2）新娘妆造型**

新娘妆根据用途以及展示空间可分为婚礼新娘妆和演示性新娘妆。婚礼新娘妆造型包括婚纱造型、中式服装造型或礼服造型、休闲造型等。演示性新娘妆主要用于表演、比赛或宣传（见图3—32）。

图3—32　新娘妆

1）婚礼新娘妆

婚礼妆特点：婚礼是人们极为珍视的仪式，化妆要体现女性的阴柔之美，妆型给人以喜庆、娇柔、端庄、典雅、大方之美感，妆色介于浓淡妆之间（见图3—32）。

婚礼妆造型要求：一场婚礼由不同的阶段组成。一般而言，婚礼由典礼仪式、婚宴、尾声三部分组成，新娘化妆根据婚礼的程序有不同的造型。既要考虑总体定位，又要在不同阶段有不同的侧重点，同时要考虑换妆的方便性。要根据新娘的职业、性格、年龄等因素确定新娘妆总体化妆风格，并贯彻到不同阶段的造型中。使新娘在婚礼中成为真正的主角。

①肤色的修饰：新娘肤色着重强调洁白细腻，因此，在涂粉底之前要用调和色（抑制色）底色来调整肤色，并用遮瑕膏掩盖面部的瑕疵。根据皮肤质地和季节选择膏妆或液态粉底，并利用高光色和阴影色来强调面部的立体感。无论是婚纱还是

礼服其款式以裸露肩部、臂部居多，涂底色时要对裸露在外的皮肤进行涂抹，从而使整体的肤色协调统一。

②眉眼的修饰：眼部的化妆要自然柔和，晕染方法一般采用水平晕染法。婚纱造型眼妆用色根据新娘的肤色及眼形的条件，冷色、暖色皆可。中式礼服一般以红色为主，眼妆用色以浅淡的粉红、珊瑚红等暖色晕染，但面积不宜过大。

为了强调眼部的神采和立体感，应加强对睫毛的修饰。睫毛条件好的，可直接涂抹睫毛膏；睫毛条件不好的，可运用修剪长短适当的假睫毛。为了体现睫毛的真实性，假睫毛可以不用全部粘贴，可以将假睫毛剪掉一半，贴于瞳外侧。

眉色要自然，虚实过渡柔和。

③腮红和口红的修饰：腮红要浅淡柔和，充分表现肤色白里透红的肤色效果。口红修饰的重点为保持口红的持久性，口红的色泽要与服装色、眼影色搭配和谐。

④发型与服饰：新娘的发型以花饰点缀。婚纱造型可以采用皇冠与白纱相结合，鲜花与白纱相结合等造型手段。穿着中式礼服的，发型多以传统发髻为主，并以头饰或鲜花相衬托。

发式可选择盘发，也可梳理时尚的发型，但不能过分新潮，整体造型要搭配协调。

⑤注意事项：为了确保妆面表现效果完美，婚前1～3个月要开始进行脸部与手部的皮肤护理。婚礼前半月要烫染发，婚礼前一周试妆，以确定最后的风格。另外，婚礼中补妆的重点是底色的修补，不可直接增补粉底，应该先用吸油纸，去除多余油脂和汗液，用海绵拍匀后再涂敷粉底进行修补。唇部的修补不能破坏唇轮廓，再适当增添唇色。

2）演示性新娘妆。演示性新娘妆属于艺术范畴，它源于生活，但又高于生活。无论是用于表演或是用于比赛，两者在造型塑造上可发挥的空间比较大。比赛的新娘妆要有高超的化妆水平，妆面必须细腻柔和，造型要有新意。表演性新娘妆所展示的是它的整体造型构思，相对于比赛新娘妆要简化些（见图3—33）。

**（3）晚宴妆造型**

晚宴妆也称为浓妆，适用于高雅的社交场合。在化妆上可依服装的不同颜色与款式，表现出艳丽、典雅、端庄等不同风格。晚宴妆根据应用目的、场合的不同，分为社交晚宴妆和展示性晚宴妆。

图3—33 比赛中的新娘妆

图3—34 社交晚宴妆

1）社交晚宴妆。社交晚宴中，人与人之间距离比较近，对妆面及整体造型的要求会更高一些（见图3—34）。

①社交晚宴妆的特点。社交晚宴妆是应用于生活中的晚宴妆。由于活动在室内，其光源一般偏暖，从而使面部看起来较朦胧，因此，妆面色彩丰富，五官描画可适当夸张，充分体现女性的高雅、妩媚与个性魅力。社交晚宴妆要求妆色与服装色彩、服饰、发型协调一致。

②社交晚宴妆型要求

a. 肤色的修饰：基础底色、提亮色及阴影色可大胆表现，用亮色将面部应突出的部位进行修饰，如鼻梁、额部中央、下颏等位置。用暗色收缩面部其余部位，帮助表现立体感，如外廓、发际线边缘、下巴下面的三角区、鼻侧影等。颜色选择要大胆、可信，位置力求准确。

b. 眉眼的修饰：眉眼的修饰性要明显，眼睛修饰漂亮得体，真实可信。眼线可描画得略粗但要和睫毛修饰相结合。眼影要重点增加眼部的凹凸结构效果。选择略带冷色以及珠光的化妆品，会给人留下难以忘怀的印象。在眼部凸出部位，如眉骨中央可以用少量带荧光成分的眼影作点缀。眼部凹陷部位可以选择深色显示，同时选择红色或鲜艳的水蜜桃色作为晕染色，将眼部色泽表现得明艳动人。

c. 腮红和口红的修饰：腮红可以选择带冷色调的玫红色、粉红色或是暖色的珊珊红。在颧弓下陷部位用阴影或修容粉表现面颊的立体效果。

口红色可使用明艳的大红色或玫红色，轮廓要用唇线笔描画清晰。口红要表现唇部的立体感。

d. 发型与服装：发型与服饰需与妆面整体效果协调统一，整体造型要体现女性独有的个性魅力。

2）展示性晚宴妆。展示性晚宴妆多用于参赛或技术交流，具有很强的创造性。由于创作空间宽广，造型手段丰富、大胆，是化妆比赛的重点项目（见图3—35）。

图3—35　比赛中的晚宴妆

展示性晚宴妆充分体现化妆师的综合素质，要求化妆师在规定时间内完成整体造型。一个展示性晚宴妆要有不同的阶段。具体来讲，化妆造型要从5个方面入手。

①设计主题：一个完美的作品要有明确的主题。正如写文章一样，先明确主题，而后围绕主题进行阐述。作为参赛的作品，必须在有主题的情况下进行创作构思，所有的手段如化妆风格、化妆用色、服装、饰物等都为主题服务。只有这样，才能使作品在比赛中出类拔萃，与众不同，富有生命力。

②肤色的修饰：肤色的修饰要选择遮盖力强的粉底，强调面部结构的立体感。参赛选手要控制好涂底色的时间。定妆是十分关键的，选手要根据场内的温度和模特的皮肤状态随时进行补妆。

补妆的方法：先用吸油纸去除面部特别是额头、鼻翼等出油部位的多余油质、汗液，再用定妆粉进行按拍。

③眉眼的修饰：一个参赛作品就是要看整体造型是否有突破，因此，眼影的处理是比赛的重点。眼影晕染的形式要求具有前瞻性，色彩与主题相呼应。化妆造型要遵循"藏缺扬优"的原则，眉毛的处理根据模特情况可强调、可忽略，而比赛中眼影的晕染是刻画的重点，眉毛必须起辅助作用。因此，眉毛要求符合脸形，体现眉毛的虚实质感以及立体效果。

④腮红和口红的修饰：腮红色起协调整体妆面的效果，面积不宜过大，色彩与眼影和口红相协调。唇部是女性面部的魅力点，女性妩媚、优雅的唇形对

晚宴妆的造型起烘托作用。因此，唇部的修饰地位仅次于眼影的描画。化妆中要求唇形丰满、有立体感，色泽选择与整体相呼应。

⑤发式造型：发式造型要构思新颖，具有时尚性。一切艺术来源于生活而高于生活，发式造型要以生活为基础进行创作，而不能以怪异来突出主题。

**（4）创意妆造型**

创意妆是化妆师根据创作主题，结合模特气质特点、面部五官特征、服装、发型等造型因素而定位的化妆风格。创意妆要求化妆师具有丰富的文化底蕴和良好的表现能力（见图3—36）。

图3—36　创意妆

1）创意妆特点。化妆根据主题所要表达的内容不拘泥于形式，色彩丰富，适用于时尚杂志封面、明星写真、广告等表现人物独特个性的艺术创作。

2）创意妆造型要求

①肤色的修饰：创意妆肤色的修饰与其他化妆造型底色的要求有所不同，化妆师要根据主题所表达的意图，选择适当的底色与主题相呼应。

②眉眼的修饰：创意妆很大程度上在眼部留有创作的空间，因此，眼部化妆是创作的关键部位。眼妆设计可以以写实的手法在眼部施以重彩来突出眼睛的神采，可以利用眼部的生理结构特点将一些图案如变形的花瓣儿、羽毛、珠片等描绘在其中，可以利用化妆品的特殊质感来强调妆型的效果。如充满神秘的金属质感的眼妆、充满亮泽的油膏质感的眼妆等均可作为创作的手段。眉形可作为眼妆的衬托，也可用一些水钻、眼粉来装点眼部。

③腮红和口红的修饰：腮红不宜大面积涂抹，腮红色要自然柔和，并要与肤色自然衔接。腮红根据妆型需要或施重彩或给予省略。口红要搭配眼妆，金属质感的眼妆要配以同样质感的口红，并要强调唇的纹路；油膏质感的眼妆要配以滑润亮泽的唇彩，以强调嘴唇的柔软与湿润；浅淡的口红可令夸张的妆更醒目，妆型效果更突出。

④发型与服饰：发型与配饰是创意妆重要的部分，利用服装、饰品及创意多变的发型营造出或清丽婉约、或妩媚奢华的时尚新形象化妆，发型与服饰必须和谐统一，才能更好地表达主题思想。化妆中可搭配一些发饰，发饰的质地选择较为随意，如丝绒、羽毛、假发、金属丝、花卉等可以造型的材料；而服饰的造型可以是现代超前的，也可以是生活中随意的装扮，只要它们的搭配能更好地衬托妆型，符合创作意图即可。

**（5）摄影妆**

完美的化妆造型是摄影创作的基础和前提，可以更好地激发摄影师的创作灵感。因此，摄影作品必须达到光影、环境、妆面、饰品与服装的和谐统一。化妆师进行造型设计前要与摄影师沟通，了解作品主题以及摄影师所要表达的意图，结合模特的个性特征，大胆尝试新的造型和创意。

摄影妆分为传统摄影妆和数码摄影妆。

1）传统摄影妆。传统摄影是指利用胶片进行拍摄的作品。传统摄影妆分为黑白摄影妆和彩色摄影妆。光是摄影的基础，也是最重要的构成条件。因此，传统摄影妆的化妆用色及色调的深浅，必须考虑光线的因素。

①传统摄影妆特点。由于传统摄影妆光线强，会冲淡面部的五官轮廓和色彩，化妆时要体现结构轮廓，强调五官的清晰度（见图3—37）。

②传统摄影妆造型要求

a.肤色的修饰：无论是黑白摄影妆还是彩色摄影妆，肤色修饰可根据模特的条件进行适当调整，充分体现皮肤的质感。

年轻人皮肤有光泽、弹性好，底色可薄一些；年龄偏大，面部有雀斑、黄褐斑等瑕疵的

图3—37 黑白传统摄影妆

皮肤，底色可偏厚一些；面形不够理想、面部缺乏立体感的，可适当运用阴影色进行面形调整。

b. 眉眼的修饰：黑白摄影妆反映的层次变化小，眼影色一般运用咖啡色或米色，强调眼部的重点即可。彩色摄影妆可反映眼影的色彩及晕染层次，因此，可根据服装、服饰、灯光的类型选用眼影色。眉毛的描画要真实自然，符合脸形。

c. 腮红和口红的修饰：腮红要求自然、可信。黑白摄影妆可用咖啡色或红色，体现结构轮廓。黑白摄影妆口红色不宜过深。而彩色摄影妆要根据肤色、服饰色来选择腮红和口红。

d. 服装与服饰：服装要符合人物造型所体现的个人韵味。根据需要选用一些小的饰品作装饰，如珠链、羽毛、蕾丝等生活中所见的物品，关键是妆面的色调与饰品色调要和谐统一。

2）数码摄影妆。随着数码时代的到来，数码相机已相当普及。数码照片所拍摄的画面清晰，高像素的数码相机能把每个毛孔拍得一清二楚。数码摄影妆对摄影光的要求与传统摄影妆有一些差异，光线要柔和、亮丽，以适应清晰度高的数码摄影。鉴于以上因素，自然、淡雅、体现皮肤质感的数码摄影妆应运而生。

①数码摄影妆特点。数码摄影妆最大的特点是"薄、润、自然"。自然、淡雅、体现肤色质感是数码摄影妆底色修饰的重点（见图3—38）。

②数码摄影妆造型要求

a. 肤色的修饰：化妆时可运用安瓶调整皮肤状态，使皮肤容易上妆，选择乳液状粉底，进行皮肤色调的统一。由于数码相机清晰度高，面部轮廓不宜用阴影调整。青年人底色可薄一些，面部有皱纹、年龄偏大人的底色不宜过厚，可运用计算机进行后期处理。数码摄影妆要注意随时补妆，面部不能有油光感，否则会破坏光的层次，对后期调整有很大影响。

b. 眉眼的修饰：眼影要淡雅，过渡自然柔和，一般采用水平晕染法。睫毛的修饰既能起到美目的效果，又不失真实自然之感，眼线处理柔和。

c. 腮红和口红的修饰：腮红要求自然红润。口红可用透明唇彩滋润双唇，使唇部水润自然。

图3—38 数码摄影妆

d. 发型与服饰：发型与服饰要符合人物的特点，并与摄影作品的整体风格一致。如表达风格是仿古的，发型就要塑造得端庄、简洁一些，服饰可选用传统造型；如表达风格是前卫的，发型可以做得超前些、艺术性强些，服装也应与之相呼应。总之，摄影作品的发型、服饰与妆型的搭配要和谐统一。

摄影妆既要考虑摄影运用的手段，又要考虑妆型的特点。如平面模特妆、明星写真妆、封面妆等，这些化妆造型根据需要可夸张眼部的晕染，可采用烟熏妆进行化妆造型。

**（6）个性化妆造型**

随着社会的进步与发展，人们越来越追求个性的发展。在自然、贴近生活的前提下，无论是外表还是内心都要具有与众不同的气质，给人留下过目不忘的印象。

1）个性化妆特点。个性化妆以生活为源泉，化妆、发型、服装与个性相协调，造型重点因人而异，特别强调发型的梳理和服装的搭配，适合于休闲、聚会等场合（见图3—39）。

2）个性化妆造型要求

①肤色的修饰：强调皮肤的底色和质感。可用液体粉底，轻、薄涂抹，以不露痕迹。

②眉眼的修饰：强调眼睛的迷人魅力，睫毛线条要清晰鲜明，且眉毛运用

图3—39　个性妆

曲线，表现为浪漫；如果眉毛运用直线，则表现时尚、潇洒；如果淡雅则表现清纯，如果精致则表现典雅。

③腮红和口红的修饰：腮红面积不宜过大，重点放在唇部的描画。唇形饱满，唇峰圆润，轮廓线清晰，口红纯度比较高，表现为浪漫；轻淡素雅表现为潇洒、清纯、典雅。

④发型：发型根据不同的表现或曲或直。

⑤服装与服饰：服装以纯度高、色彩鲜艳的面料，表现为浪漫；色调要柔和，款式随意，布料以棉麻为清纯；选择质地稍硬、悬垂感强的丝绸等面料，表现典雅；棉麻质地或灯芯绒的面料的休闲装，表现为潇洒。

### 2. 生活妆所需用品用具的选择及使用方法

选择专业化妆工具与学习化妆艺术是同等重要的。当今，化妆品种类日新月异，更新换代的速度越来越快。化妆师应配备不同于市场上销售的商业化妆品——专业化妆品。

#### （1）工具选择

在有条件的情况下，化生活妆如果也能备齐一些化妆备品，就等于战斗有了武器。一套齐全的化妆套刷（见图3—40），以及海绵、粉扑和一些常用的化妆工具：睫毛夹、睫毛化妆刷、睫毛梳、眉剪、眉镊子、美目贴、假睫毛、乳胶、化妆箱、护肤油、喷壶、发梳、发胶等。

图3—40 化妆套刷

### （2）化妆用品

化妆用品包括粉底（乳液型粉底、膏霜型粉底）、蜜粉（定妆粉）、眼部化妆品［眼线液、眼线笔、眼影（粉状、膏状）、睫毛膏、眉笔、眉粉］、唇部化妆品（唇膏、唇彩、口红、唇线笔、唇彩啫喱）、面部整体修饰用化妆品（腮红、修容饼）等。

技能要求

## 生活妆的操作程序

### （1）日妆的操作程序

步骤1：准备生活妆化妆用品及用具。

步骤2：分析模特自然形、自然色情况（见图3—41），并制定日妆设计方案。

模特皮肤较白，但有一些暗疮印，大一号的蛋形脸，眼睛较大，有一点黑眼圈，鼻头略大。在修饰脸部的同时，应首先解决黑眼圈、眼袋和眼窝凹陷等问题，因为它会直接影响眼妆的呈现，所以先以橙色遮瑕膏调整眼部的色彩和肤质状况，然后轻轻推开。对于不是很严重的黑眼圈，可以用流动性较强的遮瑕乳（见图3—42），底妆会显得非常清透，用小号刷涂在黑眼圈下缘，并向上晕开。

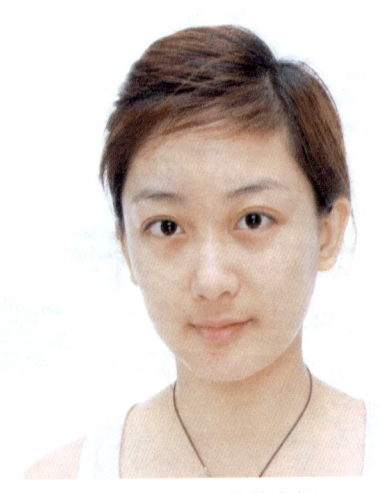
图3—41 模特素颜

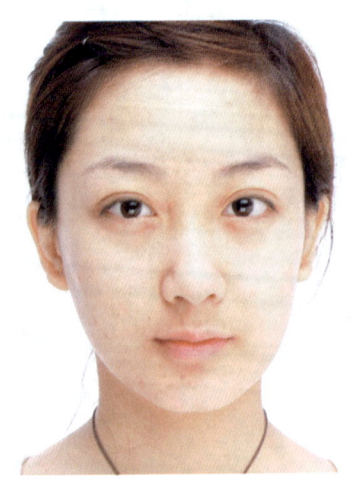
图3—42 眼部遮瑕乳

第3章 化妆设计与实施

**步骤3：开始进行日妆的化妆操作。**

1）底妆：凹凸立体的脸部轮廓，必须有深色浅色的底妆映衬配合。先为整个脸部打自然底色，然后在T字部、下颌和上下眼睑部用浅色粉底液提亮，柔化的立体感立刻呈现。选用娇兰幻彩流星粉球盒在面部高光按压，不仅可以增强立体感，而且可以使妆面自然持久，如图3—43所示。

2）眼线：是用来调整眼形的利器，眼线画得好，眼睛更富有神采。细长的凤眼是传统审美中的完美眼形，最能表现女性的柔美、妩媚，自然也是明星最偏爱的画法。这款眼线主要是调整眼睛的形状，拉长眼睛，形成完美的曲线，使眼睛更有神。

描画时沿睫毛的根部，用眼线笔由内眼角第一根睫毛处到眼尾画出略微上扬的眼线，根据自己的需要在眼尾处延长 3~5 mm。用眼线笔从后向前填补眼线与睫毛之间的空白处，形成完美的线条。大家自己画眼线时不能闭眼，可以用指腹轻轻抬起上眼皮使睫毛线完全露出，画起来就比较容易，如图3—44所示。

图3—43 底妆

图3—44 眼线

3）眼影：如果眼形很标准，肤色又均匀，可以选择具有金属光泽的大地色眼妆产品。越靠近睫毛根部，颜色要越浓些。用小号眼影刷蘸较深色眼影晕开，晕染到在眼睛睁开后形成新的眼睛轮廓，注意眼尾处的拉长和提升，最后再在内眼角晕染银白色亮粉，提升整个眼神。眼影的范围要向周围散开一些，不要结束得很突然。上眼睑的正确涂法是，上眼睑眼影从画眼线处开始涂到距眉毛2/3处结束即可。下眼睑的正确涂法是，下眼睑从小睫毛根部开始扫出小小的一个面，或只从眼尾向内画1/3部分即可（见图3—45）。

221

4）画眉：先将定妆时落在眉毛上的余粉清洗掉，然后进行细致描画。而立体眉形是立体脸形的第一步。所遵循的原则是"上实下虚、前松后淡"。好的眉形是修出来而非刻意描画。眉毛的选色：选择比发色浅一两个色号的眉笔描眉，如果选择和发色相同的颜色，整个脸部会显得过于硬朗，好不容易塑造的女人味又不见了（见图3—46）。

图3—45　眼影

图3—46　画眉

5）夹睫毛、刷睫毛膏：精致完美的睫毛能够让人们的眼睛立即变得电力十足，因此很多女性在选择唯一必备化妆品时选择了睫毛膏，可见睫毛在妆容中的重要地位。

夹真睫毛：将睫毛夹的上边缘紧贴上睫毛的根部，夹紧，等待几秒钟后松开，不要移动睫毛夹，稍稍抬起睫毛夹，夹紧睫毛的中部，再抬起夹睫毛的末端，这样就能夹出自然完美的弧度。当然如果睫毛很短，就集中夹住睫毛根部，让睫毛直接卷翘。

粘假睫毛：睫毛稀少的可以选择仿真睫毛，按照先中间、然后尾部、最后内眼角的顺序小心翼翼地粘贴。

涂睫毛膏：将睫毛膏刷头与睫毛平行放置，从睫毛根部开始向上以Z字形刷至顶端。第一层干后刷第二层，如此反复多次，直到达到满意的浓度。刷下睫毛的时候把睫毛刷竖着放置，也以Z字形轻薄涂刷后马上再纵向涂刷，保证睫毛清晰不粘连。

加强眼线：二次眼线要与睫毛交相辉映。还可以使眼部妆效更完整（见图3—47）。

6)腮红:模特的脸形饱满而修长,涂腮红时化妆刷微微倾斜,从黑眼球的下方笑起来的最高点扫向颧骨侧面,然后再在脸的侧面眉尾外部的地方从上到下竖扫,淡开边缘。体现好的气色是最终目的(见图3—48)。

7)唇:画干净、高级、圆润的丰唇,颜色也选择柔软的珠光粉色(见图3—49)。

8)修容:处理完底妆和眼妆,检查整体妆容,再次完成局部遮瑕(见图3—50)。

图3—47 睫毛的修饰

图3—48 腮红

图3—49 唇彩

图3—50 日妆的造型

**(2)化新娘妆的操作程序**

步骤1:护肤。在化新娘妆前1~3个月或前几天就应做好充分的准备,首先要做皮肤护理和修眉、修甲等全套护理,使准新娘皮肤光洁亮丽。

步骤2:洁面及涂抹护肤品。用柔和洗面奶与温水清洁皮肤,选择适合皮肤的化妆水拍在全脸,根据肤质选择适合的乳液或润肤霜均匀涂抹。

步骤3：修正液。根据肤色选择适合的修正液，调正皮肤的颜色。肤色黄的人用紫色粉底，可使皮肤显白；有红血丝的皮肤用绿色粉底可起到抑制作用。

步骤4：基础底色。尽量选择略比肤色白的粉底或粉底霜，粉底不宜太厚，应表现出新娘嫩白、洁净的肤色。

步骤5：高光色与阴影色。根据新娘的脸形选用，如化新娘日妆尽可能少用阴影色。

步骤6：定妆。定妆应选用紫色、粉红色或透明散粉。颈部、耳后都需均匀扑上定妆粉。

步骤7：眼部化妆。选用亮丽色眼影，如橙色、胭红、粉红色等暖色眼影晕染，然后用深色眼影进一步强调眼部轮廓，眼线用黑色或蓝色防水眼线液勾画，再用深咖啡色在眼尾处晕染开。睫毛夹弯，刷上增长睫毛膏，睫毛短少的新娘可贴假睫毛。

步骤8：唇部化妆。先画出唇线，再涂上滋润唇膏，然后选择明亮艳丽的唇彩，如大红色、玫红色、酒红色等，唇要画出优美生动的曲线，可在唇的高光处涂上唇油，使嘴唇有光泽感。

步骤9：胭脂。胭脂要浅淡自然，表现新娘娇柔、健康、喜庆的面色。

步骤10：再次定妆。

步骤11：发式。根据个人条件及婚纱进行头发造型。

步骤12：整体修饰。检查妆色、婚纱、发式、指甲等，整体搭配是否协调，最后喷洒淡雅香水（见图3—51）。

图3—51 新娘妆

### （3）化晚妆的操作程序

步骤1：皮肤护理和修眉、修甲等全套护理。

步骤2：洁面及涂抹护肤品。用柔和洗面奶与温水清洁皮肤，选择适合皮肤的化妆水拍在全脸，根据肤质选择适合的乳液或润肤霜均匀涂抹。

步骤3：粉底。选择遮盖力较强的粉底在色斑部位先涂一遍，然后再用基础底色均匀地涂在面部，在鼻梁处、眉骨处、眼睑处用高光色提亮，脸部外轮廓、鼻侧影处用阴影色晕染。

第 3 章 化妆设计与实施

步骤 4：定妆。用散粉全脸定妆，要均匀，尤其在眼影部位、腮红部位一定要扑上足够的散粉定好妆。否则，会影响下面程序的进行和妆面的整洁。

步骤 5：画眼影。这是眼妆的重点，用多种色彩或荧光眼影、闪眼影，颜色应与服饰搭配，将眼部结构和眼睛的神采表现出来。

步骤 6：画眼线。可用颜色鲜艳的眼线液或水溶性眼线粉画眼线，然后用深色眼影将眼线晕染开，线条适当粗些，眼形不理想的要进行适当矫正。

步骤 7：画眉毛。晚妆的眉毛可适当浓密，与妆色协调，用眉刷蘸深色眼影刷出眉形，然后用眉笔将缺的眉一根根的画上。

步骤 8：涂口红。用深色唇线笔勾画出唇的轮廓，选择与妆色、服饰色协调的口红，用唇刷，选鲜艳唇彩在唇部晕染；外轮廓用深色，内轮廓用浅色，然后在下唇的高光部位涂上唇油，以增强唇的立体感和质感。

步骤 9：涂睫毛膏。睫毛条件好的人，可用睫毛夹将睫毛夹弯，然后涂上增长睫毛膏；睫毛短少的人，可先将睫毛夹弯，然后贴上假睫毛，增加眼睛的妩媚和立体感。

步骤 10：涂胭脂。用深色胭脂刷在颧骨下面，浅色胭脂刷在颧骨上面，增加面部的立体感。用量宜少，晕染要均匀，不要有边缘线。

步骤 11：再次定妆。

步骤 12：整体修饰。晚礼服的领位较低，要注意颈脖处的衔接。先擦上与脸部同色或深一度的粉底，再扑上定妆粉，颈脖处颜色要协调一致（见图 3—52）。

图 3—52　晚妆

# 学习单元 2
# 时尚妆的化妆步骤与技法

**学习目标**

1. 了解时尚妆所需用品用具的选择和使用方法，以及指甲美化的方法。
2. 掌握时尚妆的操作程序。
3. 时尚妆的特点及化妆要求。

**知识要求**

## 1. 时尚妆的特点及化妆要求

时尚的定义众说纷纭，它包含流行、个性、前卫、另类等多元化的因素。它有的时候集中体现其中的一种元素，有的时候却包含很多。学好时尚妆除了要了解更多的时尚元素，还要能有机地组合出更新的元素。时尚元素在不断衍生，对时尚妆造型师来说，不断学习、不断开发潜能才是正确的方法。

### （1）时尚妆的特点

1）鲜明的主题。让欣赏妆面的人够在第一时间了解化妆师想要表达的东西，以及妆面的内涵所在。

2）个性的诠释。找出独一无二的色彩搭配和整体构造是妆面的灵魂所在。不一样的妆面能更深刻地体现出化妆师的独具匠心。

3）大胆的线条与色彩。妆面是由不同的线条与色彩组成的，在时尚妆的领域中可以颠覆传统妆面所制定的条条框框。例如，眉毛的颜色可以利用红色、蓝色、紫色等鲜艳的色彩，嘴唇的颜色可以选择黑色、白色等夸张的色彩；三线（眉线、眼线、唇线）的构造可以根据妆面需要有各种各样的变化，而妆面的对称美也将得到前所未有的颠覆。

4）局部突出。时尚妆之所以区别于其他传统妆，主要是因为妆面的概念不同。传统妆面要求眉毛、眼睛、嘴唇漂亮，整体同步协调；而时尚妆的描画重点仅限于1~2个部位，追求的是高能量的视觉集中感和碰撞感，让人过目不忘。另外，传统妆面要求在化妆时根据每个人五官的不同情况做"型"的调整，以各种技法来改善各个部位的形状。

**（2）几个时尚妆的特点及化妆方法**

时尚妆是在某一阶段或某一情景下为社会大部分人所崇尚和仿效的化妆方式。因此，没有特定的分类，每一种时尚妆都有它的特点及化妆方法。

1）裸妆（见图3—53）。裸妆，即看起就像没有化过妆一样的妆容。明明没有丝毫着妆的痕迹，看起来却比平日精致了许多——这是"裸妆"给人的第一印象。不论是好莱坞大牌明星，还是走在街上的邻家女孩，裸妆都是近年来的首选妆容，漂亮的肌肤与高雅的气质则是裸妆的最佳拍档。

图3—53 裸妆

裸妆特点：裸妆能令肌肤呈现出天然无瑕的美感，彻底颠覆了以往化妆给人的厚重与"面具"的印象，成为时尚女性倍加宠爱的新潮妆容。清透自然的裸妆特别适合那些皮肤质地好的女性。

裸妆适合或休闲或正式的场合，办公室、逛街、约会，甚至参加宴会都可以。不过，如果是在相对隆重的场合，可以加重眼妆或底妆的修饰。

裸妆的化妆要求如下：

①肤色的修饰：裸妆肤色的修饰要求自然、无痕，底色清透，如果皮肤状态很好，可以不用或少用粉底。

②眉眼的修饰：以清晰、淡雅为主，几乎没有任何痕迹，但一定要强调睫毛。

③腮红和口红的修饰：如果气色不错，可以考虑不化腮红，抹淡淡的口红或无色唇油。

④发型与服饰：清纯的服装与发式，给人年轻化的整体印象。

2）金属妆（见图3—54）。金属妆摈弃了粗硬的摇滚感觉，暗红唇色搭配唇上点缀的金色，清淡的眼影、眉色，还具有一派复古优雅。金属的感觉也没有弥漫到眼影或者脸部，脸部的丝绒质感凸显了秋冬的温暖心情。

图 3—54 金属妆

金属妆特别适合天然肤色较深者。皮肤白皙者自然也可以尝试。而气质方面，带点野性的女孩更能将金属妆演绎得完美无瑕。

除了办公室等严肃场合外，大部分地点都可以以古铜妆容出现，特别是提倡另类的时尚聚会、私人酒会、野外会餐及海边度假等，更是展示金属妆的好时机。

金属妆的化妆要求如下：

①肤色的修饰：用深一号的粉底均匀打底，然后用带有金属颗粒的感光液在粉底上涂抹均匀，使面部看起来有金属质感和光感。为了保持金属光泽，定妆粉只选择在眼部定妆。在提亮部位要用带有金属质感的珠光粉。

②眉眼的修饰：可以用深色眼线膏或眼影膏进行晕染，上浅下深的做法，再用深色粉状眼影涂盖一层，既有定妆的作用，也使眼睛更自然。用眼线膏加强眼尾的效果，也要强调下眼线的清晰感，并用金属色体现立体效果。眉毛可用睫毛膏或眉廓胶刷几遍，加强眉毛的立体效果。最后整个上眼睑用一些珠光粉来提升效果，贴上夸张的睫毛。

③腮红和口红的修饰：用金橘色或轻浅的腮红在颧弓上晕染。

图 3—55 韩式妆

④发型与服饰：时尚具有动感的发式及相对应的时尚服饰。

3）韩式妆（见图 3—55）。基本上所有场合都适合韩式妆容的出现，特别像办公室等一些正式场合，韩式妆容会给人留下温柔且端庄的印象。而在国际化的时尚聚会中，韩式妆会立即被众多时尚人士识别出来，因为模式化已经成为韩式妆的重要特色——厚却很有肌肤质感的立体粉底，明显而完整的粗黑眼线，亚光唇膏，以深红色、暗紫红色等为主的色彩规律。而这种妆容可使人看起来精致动人、自然淡雅。

韩式妆的化妆要求如下：

①肤色的修饰：厚而精致的粉底是韩式妆最突出的特征之一，可以在护肤后，用手指蘸取少量冷水在面部拍打，然后趁湿，用粉扑将膏霜质粉底抹匀，用近于肤色的粉底打一遍底，再用稍暗一号的粉底在鼻翼、腮颊处打出立体感。韩式妆的化妆品非常重要，质地轻薄的彩妆并不适合用来画韩式妆。建议选择色彩凝重但质感好的彩妆品。虽然白皙肤色是韩式妆的重点，但是也不能白得过分。上粉底后，用柔软的粉扑扑上蜜粉，再用大刷刷去多余的粉，让脸部的粉薄透均匀即可。

②眉眼的修饰：韩式妆的眼线刚劲有力，圈位精准。韩妆的眼线多采用自然黑色，不会随眼影颜色变化，而是强调与自然眼线的合一感。略圆的杏仁大眼睛是现代韩妆的最爱，勾画眼线时，可以先从眼尾向眼睛中间描画，再从眼头向眼中间描画，两条线重叠的部分，一定要比两边略宽一些，且在黑眼球的正上方，有放大眼睛的效果。

韩式妆的眼影通常隐藏于粗黑的眼线之下，并不明显。韩式妆的眼影色取材于粉、棕色系的唇彩，用尖头小眼影刷蘸取适量轻涂于眼线周围 1～3 mm 处，再补一层定妆粉，以创造出整个眼部略微凹陷的立体感。

可以保持自身原有的流畅自然略粗的眉形，如果眉色偏浓重，可以选用橙棕色睫毛膏重复涂抹，使之变淡；也可用透明睫毛膏刷染固定眉型。

③腮红和口红的修饰：腮红在韩式妆中十分微妙，韩式妆中上胭脂通常是一个很轻微的装饰动作，且隐藏于粉底与定妆粉之间，通常不用大号腮红刷，而只是使用中号的眼影排刷，根据不同脸形的需要，在关键部位一刷而过，不要过分渲染。在冷艳之余给人以干练的印象。

韩式妆容一般采用传统的唇膏，厚重但同时强调女性化的娇唇质感，从上到下，每一条唇纹都被浓郁的色彩深深填满，可用棕红色系及暗紫红色系，都会显得更智慧、女人味十足。而若隐若现的唇线则多半会随着唇膏的色彩变化，且隐身于唇膏之内。

④发型与服饰：韩式妆容可以与各种颜色的职业妆及简洁的休闲装搭配。在配饰方面，精致的铂金、珍珠及宝石饰品可以让人看上去优雅别致，而造型过于夸张的饰品则不适合与此款妆容配合。

4）复古妆（见图 3—56）。20 世纪 60 年代的复古妆容在近几年的时尚美容中大行其道，与其他甜美妆容不同，复古妆更具时尚意味，更彰显女性的性感妩媚。其复古的造型、神秘的妆彩、酷酷的感觉，会成为时下寻求前卫装扮的女人们心中的榜样。

T台上的复古妆看起来夸张而繁复,如果将其变得生活化,运用到日常生活中来,效果将会非常醒目。

复古妆适合气质优雅高贵的成熟女性。

复古妆比较适合一些私人聚会、晚宴等公众场合,但不太适合出现在严肃的工作场所。

复古妆的化妆要求如下:

①肤色的修饰:彻底清洁脸部之后,均匀地涂上粉底液,呈现比较白皙的脸部肤色,这是复古红唇妆很重要的一步,以与烈焰红唇形成强烈对比。再用浅咖啡色的珠光眼影将眼部的四周均匀涂开,面积稍微大一点也没有关系。

图 3—56 复古妆

②眉眼的修饰:紧接着是用深棕色的眼影打底,呈现菱形的形状,在眼角向上扬。在眼部中间的位置色彩稍微浓一点,眼角位置轻轻扫过即可。从睫毛根部开始,用黑色的珠光眼影轻轻刷一层,面积在双眼皮宽度以内。然后用眼线笔将睫毛根部填满,眼尾稍微向上翘,让双眼更有女人魅力。下眼线,在眼尾的位置颜色深一些,突出重点,让眼睛有拉长的效果。夹翘眼睫毛,贴上浓密度的适宜假睫毛,与红唇妆协调。在内眼角轻轻刷上银白色的高光粉,让双眼看起来更闪亮。修饰眉形,拿眉刷轻轻带过即可。在鼻翼处打侧影来突出鼻梁坚挺。

③腮红和口红的修饰:红唇是复古妆的重点,衬托白皙透亮的皮肤,展现复古风情。最后打上接近肤色的腮红,要清淡自然一点,才能突出红唇妆的冶艳。

④发型与服饰:搭配上正式和经典的服饰与发型,复古妆最后完成。

5)烟熏妆(见图3—57)。烟熏妆又称熊猫妆,属于化妆方式的一种。烟熏妆突破眼线和眼影泾渭分明的老规矩,在眼窝处漫成一片。因为看不到色彩间相接的痕迹,如同烟雾弥漫,而又常以黑灰色为主色调,看起来像炭火熏烤过的痕迹,所以被形象地称为烟熏妆。一般而言,烟熏妆似乎总给人留下比较夸张的印象。其实这跟选用的眼影以及上妆的轻重有关系。在夸张烟熏妆的基础上发展出来的"小烟熏妆",则是更多地考虑普通人的需要,更多采用淡色眼影,贴近肌肤本色,塑造妩媚而不过分张扬的感觉。

第3章 化妆设计与实施

烟熏妆容的特点：棕色的大地色系，向来是接受度最高的色彩，也是重点色系，比较过于浓厚烟熏妆的夸张晕染，自然的渐层晕染效果更便于操作，利用眼头打亮的方式强调立体的光泽感，也能满足人们参加一般聚会的需要。适合晚上参加晚宴或是特殊的场合舞会、乐队表演、私人聚会等，浅淡的烟熏妆适合较为年轻的对象日常使用。立体的褐色烟熏眼妆，让眼睛看起来自然有神，有别于以往烟熏妆的夸张，适合于年轻女性平常上课、上班。

烟熏妆的化妆要求如下：

①肤色的修饰：由于妆容略带夸张的感觉，因此可利用粉底把底妆调得白一点。

图 3—57 烟熏妆

②眉眼的修饰：要令眼影颜色更突出，应先以啡金色膏状眼影打底，但如本身属于健康肤色，则不用打底而颜色已够细致。眼妆利用了多种色彩营造层次感，而且颜色应逐层扫上以塑造渐变效果。首先可扫上啡金色眼影于眼盖位置，再加上幻彩紫色眼影略擦至眉骨的位置，令眼影效果富有层次变化。眉骨上方至眉毛的范围以浅色渐渐晕染即可。下眼线位置则可先以金色眼影营造粗身的眼线，再于外围框上幻彩紫色眼影。为加强眼妆层次，可于眼头加上金黄色眼影，或先扫上黄色眼影，再加上一层金色闪烁粉末。

③腮红和口红的修饰：将嘴唇的颜色和肤色拉近，只用光泽和质感来衬托眼妆成为唯一的亮点。双唇可先涂上厚厚的唇膏，以唇刷蘸取唇膏均匀涂抹唇部，再以唇冻涂抹唇中或整个唇部。腮红不宜过艳，用自然粉嫩的肤色调节大块黑色带来的颓废感。

④发型与服饰：跟上时尚的发型及时尚的服饰，完美的具有颓废的时代感形象就打造结束。

## 2. 时尚妆所需用品用具的选择及使用方法

### （1）化妆工具

多支头的化妆套刷，以及化妆工具。

（2）粉底

时尚妆紧跟时代潮流，不同的妆面所需粉底也不同，因此，化妆箱中要有多种粉底，以适应不同时尚妆的要求。

（3）定妆粉

选择质地细腻并有一定珠光效果的蜜粉来定妆，不仅可以使皮肤拥有完美的质感，而且可以让妆容更持久，自然和谐。

（4）眼妆产品

眼妆产品包括各种颜色亚光、珠光眼影，眼线笔（液），眉笔，睫毛膏等，可以制造多变的效果。

（5）腮红及修容

多色腮红与修容粉饼，可以使脸部有更强的立体效果。

（6）唇部产品

唇膏、唇彩、唇油等多种流行新品在化妆箱中都要准备，以适应多种妆面的要求。

时尚妆如图3—58所示。

图3—58 时尚妆

## 3. 指甲美化的方法

美甲是一种对指（趾）甲进行装饰美化的工作，又称为甲艺设计。美甲是根据客人的手形、甲形、肤质、服装的色彩和要求，对指（趾）甲进行消毒、清洁、护理、保养、修饰美化的过程。美甲具有表现形式多样化的特点。美甲师的工作性质决定了对其综合素质的要求较高。成为一名真正合格的美甲师需要一段时间的学习、实践和经验的积累。

**（1）指甲类型**

1) 角形

特征：甲尖平直，两边呈圆形。个性鲜明，时尚前卫。

修整方法：先将甲尖修成直线，再用甲锉将两边修成圆弧形。

适合：手指纤细的职业女性。

2) 椭圆形

特征：甲尖修长，游离缘到甲尖成椭圆形。这种甲型具有东方美感。

修整方法：甲锉由游离缘往中央修。

适合：胖而美的手型，拉长手指。

3) 圆形

特征：两侧及甲尖都成圆形。这种甲型不易折断。

修整方法：甲锉沿45°角从两侧往中间修。

适合：骨关节比较明显的手指。

4) 尖形

特征：甲尖呈典型三角形。这是具有古典美的甲型。

修整方法：由两侧到甲尖成直线形修整。

适合：指甲厚的人。

5) 正四角形

特征：有锐利的棱角。

修整方法：先将甲尖修成直线，再用甲锉竖着将两侧修成直线。

适合：脚趾头。

**（2）基础指甲护理方法**（见图3—59）

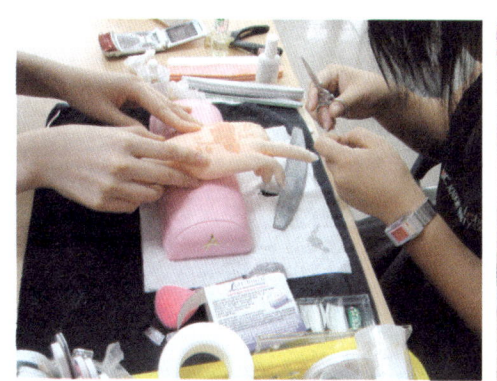
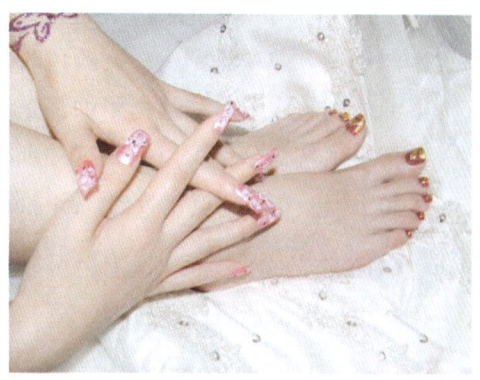

图3—59　美甲

1）将软皮去除霜涂抹在软皮及指甲沟上，并轻轻按摩指甲基质。

2）将热水（37～38℃）注满洗手盆，加入些许软化剂，让手指浸泡约5分钟。

3）擦干双手后，用橙木棒轻轻推压软皮（像画圆圈一样）。如果软皮状况不佳，千万别勉强为之。请降低按摩力度，使软皮形状左右对称。

要点：如果指甲或软皮比较脆弱，最好在橙木棒上再卷上一层化妆棉，以保护指甲。

4）用指甲刷将指甲周围清理干净，并清除已脱落的软皮屑（软皮周围多余的角质）。将手指浸入洗手盆，边刷边冲洗。

5）用纱布裹住拇指或食指，像画圆圈般轻轻按摩，拭除已脱落的软皮屑。

6）用软皮剪剪除肉刺及无法拭除的软皮。使用时须特别小心，以免伤到手指。

要点：软皮过长时，就得将软皮全部剪除。剪除后须天天用软皮保养油轻轻按摩，以免软皮变硬。

7）将软皮保养油涂抹在软皮及指甲沟上，并轻轻按摩。

8）涂擦指甲油前，先用橙木棒蘸些酒精，将指甲里外及指甲尖的保养油擦干净。

要点：若将保养油残留在指甲表面，将会造成指甲油脱落的现象。

9）上底油之前要涂护理液，杀除指甲表面的细菌，并去除指甲表面的油分与污垢。除完之后就不要再碰指甲。

10）上底油。上底油能够使指甲油的颜色保持得更持久，并且有助于预防色素沉着。上底油时，要遵循先中间再两侧的涂刷顺序。底油又分加钙型、强化型等。

11）涂刷颜色。涂指甲油时动作要快，三笔涂完。先从指甲根部的中间开始向甲尖方向一涂到头。刷颜色时，指甲油刷应稍微离开软皮部位，不要将指甲油沾到软皮上。一般指甲油都是从指甲顶部开始脱落，因此，先将指甲油刷在指甲顶端部分，可以避免这种现象。如果不小心将指甲油刷到旁边，可以用木制小棉棒卷上一点化妆棉，蘸上除甲液小心擦拭。

12）二次上色。二次上色可以让指甲油的颜色更饱满持久，充分显示其本色。第一次上色时涂刷较薄，第二次上色时涂刷较厚。

13）上亮油。最后涂刷一层保护油可以使指甲油的颜色显得更有光泽，保

第3章 化妆设计与实施

持得更持久。

注意：涂指甲油时，涂甲油的手指和拿刷子的手都要稳，手不要抖动。涂甲油后，不要马上用手做事情，需等待30分钟左右。甲油完全凝固需要12小时，此前最好不要用热水洗手，以免甲油失去光泽。

**（3）时尚美甲**

指甲美容已经相当流行，样式繁多，如光疗甲、水晶甲、镶钻甲、幻彩甲、立体雕花甲、立体彩绘甲、琉璃甲等。无论选择哪种美甲，一定要适合自己。

## 时尚妆的操作程序

步骤1：清洗好脸部。

步骤2：打粉底。用专业粉底刷蘸取小麦色液体粉底，细密铺陈于全脸，让皮肤呈现紧密健康的效果（见图3—60）。

步骤3：定妆。选用与粉底相适应的专业蜜粉薄薄地由眼部至T字区域进行定妆，要做到干净、牢固且自然（见图3—61）。

步骤4：画眼影。深棕色与古铜色的邻近色组合优雅而成熟，再添加少许金棕色，不仅显得皮肤质感增强，而且时尚感突出，尽显本色之美。采用较为大胆的烟熏画法对暗色皮肤来讲再适合不过（见图3—62）。

步骤5：画眼线。烟熏妆效不同于以往比较严谨的生活妆，尤其是眼线可以在眼影之后进行描画，适当夸张，使眼部更加有神（见图3—63）。

图3—60 用粉底刷打粉底

图3—61 定妆

步骤6：画睫毛。从修剪的形状到涂睫毛膏的技巧都是这个妆容的重点，活泼型的假睫毛与真睫毛自然黏合后，通过睫毛刷头部位精心涂刷，最终达到画龙点睛的效果（见图3—64）。

步骤7：打腮红。皮肤偏暗，通常选择珊瑚色或者棕红色自然晕染（见图3—65）。

步骤8：上唇膏。选肉粉色唇膏在唇部淡淡地点缀（见图3—66）。

步骤9：定妆，完成妆面（见图3—67）。

图3—62　画眼影

图3—63　画眼线

图3—64　画睫毛

图3—65　打腮红

图3—66　上唇膏

图3—67　定妆，完成妆面

# 第4章
## 发型设计与实施

- 第1节 设计
- 第2节 实施

# 第1节

## 设计

### 学习单元1
### 根据设计对象自然色的条件进行日常发色设计

**学习目标**

1. 了解染发的原理及分类。
2. 熟悉根据设计对象自然色的条件进行日常发色设计的程序。
3. 掌握发色与肤色、服装服饰色、妆色的关系。

**知识要求**

随着人们审美意识的提高,越来越多的人更加崇尚个性化的美丽,找到属于自己的色彩后,选择合适的发色,与肤色相辅相成,更加衬托面容的清丽,符合自身个性的特点,是人们更加关注的焦点。

第4章 发型设计与实施

## 1. 发色与肤色的关系

每个人的肤色是与生俱来的，发色可以根据设计对象的肤色进行多种选择。根据色彩理论，人的肤色可分为深、浅、冷、暖、净、柔六大固有色特征，发色根据肤色固有色特征进行设计。

**（1）皮肤呈现深色型的人群**

皮肤呈现深色型的人群是指黑发、黑眼、中等或偏黑的肤色，肤质偏厚重，整体感觉呈现深重、强烈的深色调人群。生活中人们常说的一个人眉眼很重，那种重的感觉就具备"深"的特点。这类人群最忌把头发颜色做浅、做柔，如浅黄色、亚麻色、灰黑色等。由于其自身固有色所呈现的色彩较重，选择很浅的发色会使脸色呈现不健康的感觉，所以深色型人群适合选择深色的发色，如深酒红色、深咖啡色、纯黑色等。深色的发色会衬托他们的脸色干净、匀整，显得更精神（见图4—1）。

**（2）皮肤呈现浅色型的人群**

皮肤呈现浅色型的人群是指肤色较白、肤质轻薄、发色呈现棕黄色调、眼睛的颜色较为轻浅的人群。浅色型的人最忌把发色染黑，这样的发色会使人显得生硬和呆板。同时也不适宜选择较深的发色，如深酒红色、深棕色、深蓝黑色等，因为深色调的发色与浅色调的肤色形成极不和谐的对比，给人突兀、视觉对比强烈的感觉，所以，选择柔和的发色较为适宜，如浅棕色、亚麻色、玫红色等，才是最好的选择（见图4—2）。

图4—1 深肤色的发色

图4—2 浅肤色的发色

**（3）皮肤呈现冷色型的人群**

皮肤的冷暖色调与发色的选择影响很大，如果选择不恰当的冷暖色调，会使面容显得憔悴、不健康，所以肤色的冷暖定位对发色选择是至关重要的。皮肤呈现冷色调的人，不能选择带有黄色系的暖色调发色，如金棕色、棕黄色、亚麻色等，这是极不协调的，应选择冷调的红色底调发色或紫色底调发色，如深紫红色、蓝黑色、黑棕色、黑色或紫色等（见图4—3）。

**（4）皮肤呈现暖色型的人群**

皮肤呈现暖色调的人群发色应选择暖色调，如黄棕色、金棕色、红棕色、亚麻色等。而一些黑色、深紫色、紫蓝色等偏冷色调的发色不适宜暖色型人群使用（见图4—4）。

图4—3 冷色型的发色　　　　　　图4—4 暖色型的发色

**（5）皮肤呈现净色型的人群**

皮肤呈现净色型的人群发色、肤色分明，眉眼对比，给人以干净、清澈、对比分明的感觉。由此可见，发色的选择也要色彩纯正，如纯黑、纯白、纯咖啡色等，因此，不宜使用灰黑、灰黄等灰暗的色彩（见图4—5）。

**（6）皮肤呈现柔色型的人群**

皮肤呈现柔色型的人群发色、肤色柔和，眉眼温和，给人以柔美的感觉。皮肤呈现柔和的色调，整体感观似有一层灰雾的感觉，色彩柔和、不分明，色

第4章 发型设计与实施

感不强烈。因此，发色的选择要尽量浅而灰，给人以柔和之感，如灰黑色、灰黄色、灰棕色、亚麻灰色等。不适宜选择黑色、深棕色、深紫色等深沉的色彩（见图4—6）。

图4—5　净色型的发色　　　　　　　　图4—6　柔色型的发色

## 2. 发色与服装服饰色的关系

服装服饰在人体装饰中占有重要地位，协调、适宜的发色在服装服饰整体造型中也是不可或缺的要素之一。只有二者兼顾，才能搭配出和谐、完美的造型。

**（1）浅亚麻色头发的搭配**

浅亚麻色头发的人群肤色一般较白，具有新潮的时尚感，因此多半适合年轻人使用。服装服饰的色彩可选择清新的浅黄色、浅蓝色、浅绿松石色或者亮丽的银色与橙色搭配，不适合穿着大面积较深色彩的服装（见图4—7）。

**（2）棕色头发的搭配**

棕色头发适宜大多数亚洲女性的气质，在服装服饰色彩搭配上可采用经典的黑色与白色，优雅的紫色系、米色系或富有内涵的咖啡色、藏青色等，可选择浓郁、饱和的色彩（见图4—8）。

**（3）红色头发的搭配**

红色头发的人群具有大胆、张扬的个性。肤色较白，才能衬托红色发色的艳丽。服装服饰色彩的选择，可采用黑色、白色、灰色经典色彩的搭配，尽显时尚魅力，浓郁的深咖啡色和低饱和度色系的服装服饰也是不错的选择（见图4—9）。

图4—7 亚麻色头发的服饰特征

图4—8 棕色头发的服饰特征

图4—9 红色头发的服饰特征

图4—10 酒红色头发的服饰特征

### （4）酒红色头发的搭配

酒红色是红色与紫色的混合色，给人以浓郁的色彩感觉。酒红色同时具有红色的张扬和紫色的内敛。服装服饰的色彩选择范围较大，无论是经典的黑色、白色、灰色搭配，还是含蓄、优雅的米色系和糖果色系，都是适宜的搭配（见图4—10）。

### （5）金铜色头发的搭配

金铜色头发是一种富有金属质感的发色，其色彩彰显个性魅力。服装服饰色彩可选择纯度高的黑色与白色、红色与黑色、明亮的金色与橙色或天蓝色进行组合，给人以时尚、前卫的色彩感觉（见图4—11）。

### （6）紫色头发的搭配

紫色头发的人群多为时尚、个性、前卫的人群。紫色在阳光下能很好地展示色彩，是视觉的焦点，选择服装服饰时应以深色调和冷色调的色彩进行搭配。如果选择浅紫色发色，多半只是对头发进行部分挑染，使原有发色具有时尚、跳跃的动感，而原有发色多为黑色，选择服装服饰时应按原有发色的搭配原则进行搭配（见图4—12）。

图4—11 金铜色头发的服饰特征

图4—12 紫色头发的服饰特征

### （7）黑色头发的搭配

黑色头发是亚洲人固有的发色，给人以对比、鲜明的感觉，同时略有沉闷之感。随着时代的发展，大多数女性已不再喜欢黑发，而选择绚丽多样的发色。因此黑色头发的人群，肤色多为白皙，眉眼清丽，配以黑色的发色，给人以对比、鲜明的感觉。服装服饰可选择沉稳的灰色系列、典雅的蓝色系列和酒红色系列，还可选择大胆的红色与黑色、白色与黑色等对比鲜明的色彩，不适宜选择中间色调的色彩搭配（见图4—13）。

图4—13　黑色头发的服饰特征

### 3. 发色与妆色的关系

人体中头发与面部是视觉的焦点，妆面选择不仅要考虑肤色的因素，而且要考虑与发色完美的搭配，才能给人以夺目、和谐的感觉。

### （1）浅亚麻色头发的搭配

浅亚麻色头发适宜搭配自然妆容，冷暖色系皆宜，尤其是适宜优雅的暖灰色系的裸妆妆容（见图4—14）。

### （2）棕色头发的搭配

棕色头发是亚洲女性的首选发色，其妆容适宜选择暖色系搭配，可凸显女性魅力，同时还可采用清爽、明快的水果色系，使妆容更加清新、靓丽（见图4—15）。

图4—14　浅亚麻色头发的妆面

图4—15　棕色头发的妆面

第4章 发型设计与实施

### （3）红色头发的搭配

红色头发由于颜色艳丽，应尽量采用暖色调的妆容，如金色系、红色系、棕色系等较浓郁的色彩与其进行搭配，尽显时尚风情（见图4—16）。

### （4）酒红色头发的搭配

酒红色头发搭配妆容要求干净、清爽、淡雅。妆色适合含灰色调或色彩浓度低的色系，冷暖皆宜（见图4—17）。

图4—16 红色头发的妆面

图4—17 酒红色头发的妆面

### （5）铜金色头发的搭配

铜金色头发是时尚的发色，具有金属质感，其妆容可采用透明妆或水果色系进行搭配，不适宜过于浓艳的妆容（见图4—18）。

### （6）紫色头发的搭配

紫色头发可采用冷色调色系搭配妆容，运用冷色调的水果色系或小烟熏妆搭配也是很好的选择（见图4—19）。

### （7）黑色头发的搭配

黑色头发适宜自然妆容，可采用色彩中明度、中纯度色系或端庄的正红色系进行搭配，可以塑造多样的妆容效果（见图4—20）。

图4—18 金铜色头发的妆面

图4—19 紫色头发的妆面　　图4—20 黑色头发的妆面

### 4. 染发的原理及分类

染发是一门改变头发颜色的工艺，也是一种化学过程，它是将人造色彩加在头发的天然色素里的过程。当人造色素粒子经过被软化及扩张的头发，通过表皮渗透到皮质层，这些粒子组合成一个大分子，从而改变原有头发颜色的手段，称为化学作用。头发染色包括把头发染深、染浅、改变另一种色彩和白发染黑的技术手段。根据目前的技术方式及颜色停留在头发上的时间长短而言，染发可分为暂时性染发、半永久性染发、永久性染发三种。其染发方式的原理、作用，染发剂的成分和操作方法都各有区别。

#### （1）暂时性染发剂

暂时性染发是在不改变头发的原色素体结构的前提下，将人造合成色素只附着在头发的表皮层，颜色未进入皮质层，通常在洗发后颜色即褪去。暂时性染发剂大都利用粘胶与颜色混合而成，喷或刷在头发上。暂时性染发的用品主要有彩色喷胶、彩色摩丝和颜色笔。

#### （2）半永久性染发剂

半永久性染发剂中的人造色素，黏附在头发表层或表皮层内，是一种能自行渗透而不需加上过氧化物的染色过程。由于这种染色剂在头发上黏附时间较长，一般要经过多次洗发后颜色才可褪去。半永久性染发剂一般为液态、胶状或膏状，如可婷染发剂、指甲油染发剂都属于此类。半永久性染发剂无须与氧

化剂一起调和使用，故头发经染色后，不会减淡发色。由于这种染发剂对头发损伤程度很小，所以是实施原色染发最理想的染发剂。另外，还可以掺和不同的颜色，做非原色染发，创造其他染色效果。

半永久性染发的方法具有润色效果，能在有效改变头发不健康观感的同时，使发型的纹理、色泽更具立体感。因此，这种染发剂的优点是：使颜色看起来自然，较具生命力，比暂时性染发剂停留的时间长；染发后不会使发质受损或降低头发的光泽度等。

**（3）永久性染发剂**

永久性染发剂是一种采用含有过氧化物的染色剂，可进入头发的皮质层来改变发色的方法。当永久性染发剂涂抹到头发上，头发的表层毛鳞片张开，染发剂中所含的人造色素就进入皮质层，双氧水中的氧分子到皮质层后膨胀起来，并使色素胀大，这时人造色素颜色就留在头发上，从而改变头发的自然表面颜色。由于其色素渗透表层而进入头发的皮质层，因此染后的颜色是无法洗掉的，必须用化学方法才能去除，或者直到新发长出为止。

永久性染发是一种用于长时间改变头发自然发色的染色方式，新的发色的产生为达到发型创作意念上的尽善尽美起着重要作用。虽然永久性染发具有使染后头发看起来像自然发色，并不易褪色等优点，但由于该染发剂具有渗透性，对皮肤刺激性较大，对头发具有一定的损伤。为了安全，染发前要对顾客的皮肤及头发进行接触试验。

永久性染发剂除一般的化学药物染剂之外，还有植物型永久性染发剂和金属型永久性染发剂。植物型永久性染发剂的代表是埃及指甲花。这种染发剂存在于植物的叶子或根颈中。它的主要优点是对身体及皮肤不具有刺激作用，但因颜色选择较少及操作比较烦琐，故现已不再使用。金属型永久性染发剂中含有铅、银、铜、铁、镁、钴等主要成分。含银染料具有淡绿色彩，含铅染料具有紫色的色彩，而那些加上含铜的染料则变为红色。由于金属型永久性染发剂的原理是金属停留在头发上，会使发质变得黯淡而无光泽，粗糙而易断，对人体有一定的伤害，因此，这种老式染发方法逐渐不被人们所采纳。

### 技能要求

### 根据设计对象自然色的条件进行日常发色设计的程序

**步骤1：观察。**

美发师观察设计对象的自然条件，对原有发色情况进行初步判断：原有发色是否褪色，是否长出新发，是否受损，是否显露白发等。

设计的原有发色出现褪色现象，许久没有染发，新发与原有发色有明显的色差，发干、发尾颜色枯黄，没有光泽，给人以面色灰暗、不健康的感觉（见图4—21、图4—22）。

图4—21　面色灰暗、不精神

图4—22　明显的色差

**步骤2：了解设计对象的情况。**

美发师了解设计对象现有的头发颜色与发质状态；帮助挑选适合设计对象染发的目标色，即色度与色调（深浅与色彩）；询问设计对象是否有皮肤过敏史，必要时做皮肤测试（将染膏涂放在耳后，24小时后检查有无红斑、水泡或肿胀现象）。

**步骤3：检查。**

检查头皮状况，即检查头皮是否有破损、伤口、疤痕、脓包等特殊情况；

第4章 发型设计与实施

原有发色　　　　　　　　　　　设计选定的发色

图4—23　发色卡

检查发质状况，如发质过油或使用护发用品，则需用深层洗发水洗发，否则染前要避免洗发。洗发时不能抓破、抓伤头皮，洗好头发后必须吹干再进行染发，以免出现色差。

步骤4：选色。

根据其自然条件情况，为设计对象选定玫红色的染发色彩，以增加头发的质感和亮度，提亮肤色，增加美感，使人更加有活力（见图4—23）。

步骤5：实施设计方案。

（1）准备工具

染发工具包括染膏、双氧乳、刷子、塑料小碗、量杯、调和瓶、手套、凡士林油、发梳、围布、耳罩、夹子、洗发液、护发素、计时器等（见图4—24）。

图4—24　染发工具

### （2）调配染发剂

染发剂主要是用染膏和双氧乳按1∶1的比例搅拌均匀（不同的产品有不同的比例，参照产品说明书使用）。

### （3）施放染发剂

1）将头发分成四区（见图4—25）。

2）从后发区开始涂抹。从后发底部分出第一层发片，用戴着防护手套的左手托住，用右手将染发剂涂抹到发片上。涂抹时，从距头皮2 cm处开始涂抹至发尾处，逐层用同样方法涂抹均匀至头顶（见图4—26至图4—28）。

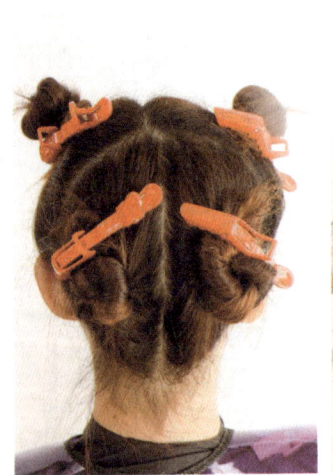

图4—25　分四区

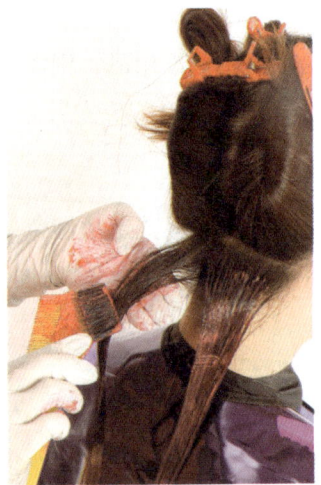

图4—26　涂抹后发区

图4—27　距头皮2 cm处涂抹染膏

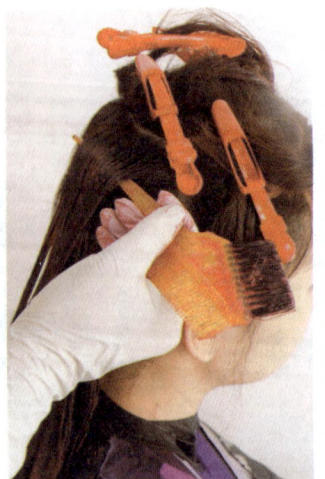

图4—28　逐层涂抹到头顶

3）涂抹左右侧发区。从侧发区底部分出第一层发片，距头皮 2 cm 处开始涂抹到发尾，逐层涂抹至头顶（见图 4—29）。

4）涂抹发根。全头涂抹完后，开始涂抹发根。从后发开始涂抹发根，逐层向上均匀涂抹至头顶（见图 4—30）。

图 4—29　涂抹左右侧发区

图 4—30　涂抹发根至头顶

### （4）确定染发时间

自然状态下等待 30～45 分钟，机器加热 20～30 分钟，加热后冷却等待 10 分钟，使头发完全冷却后才能冲洗。

### （5）清洗染发剂并吹干头发

当停放时间结束时，用温水将头发清洗干净，并选用酸性洗发液或护发素。吹干头发，检查头皮和头发。

**步骤6：头发造型整理。**

吹干头发并整理造型（见图4—31）。

图4—31　设计前后的造型

## 学习单元 2
## 根据设计对象自然形及头发基础条件进行日常发型设计

**学习目标**

1. 了解直发、卷发、盘发等基本发型的特点及与发质基础条件的关系。
2. 熟悉发型与头形、脸形、五官、体形的关系。
3. 掌握根据发质、发量进行发型设计的程序，掌握根据头形、脸形、五官进行发型设计，根据体形、服装进行发型设计的程序。

# 第4章 发型设计与实施

> **知识要求**

## 1. 直发、卷发、盘发等基本发型的特点

**（1）直发类基本发型特点**

直发类发式是指不经过烫发，只经修剪而形成的发式。其造型特点是发丝自然流畅，悬垂感强，充满浪漫气息，尤其适合年轻女性梳理，给人以飘逸的美感。直发类发式在头发的长短方面有较大空间的自由度，可修剪成短发式、超短发式、中长发式、长发式的直发造型。

**（2）卷发类基本发型特点**

卷发类发式是指经过烫发梳理而形成的发型式样。卷发类发式的发丝卷曲变化较多，头发卷曲程度可大可小，发花卷曲效果多样，不仅给人以活泼、高雅、浪漫的感觉，而且可以解决头发稀少、头形缺陷等问题。卷发类发式适合任何年龄阶段。卷发类发式可适用于短发、中长发和长发。

**（3）盘发类基本发型特点**

盘发是我国传统美发方式之一。盘发是美发师通过盘、包、拧、扭、打结、做卷等技法，将头发巧妙地结合起来，组成各种不同款式的发型，最大限度体现女性美丽、高贵、典雅的特点。盘发造型的款式多样，技法可简可繁，根据场合用途分为生活盘发、晚宴盘发、新娘盘发、表演盘发四种类型。盘发造型具有线条细腻、立体感强、造型鲜明的特征，向人们传递美发师的奇思妙想。

## 2. 发型与头发基础条件的关系

在美发造型中，发型与头发的基础条件密切相关。头发的基础条件包括头发长短、发量多少、毛发流向、头发的光泽度与韧性、发质等，每个人的头发基础条件都不尽相同，美发师必须把握和研究其对象，才能创造出更精彩的发型。

头发的长短，可通过修剪和接发技术来达到理想效果；发量多少，打薄可减少头发的数量，烫发可增加头发的数量；毛发的流向可通过修剪或造型进行处理，得以改善；头发的光泽与韧性，可通过护理给予营养成分，以增加头发的光泽度和强韧性。可见无论头发的基础条件如何，只要经过不断护理保养、合理膳食、保持身心愉快，头发就会向理想的状态发展，逐步向头发结构紧密、发质乌黑柔亮、富有弹性的理想状态迈进。

每个人的发质不尽相同,即使同款发型,由于发质的不同,最终造型效果也不相同。发质类型是由身体产生的皮脂量所决定的,不同的发质有不同的特性。发质可分为干性发质、油性发质、中性发质、受损性发质四种类型。对发质的掌控能力是检验美发师知识与能力水平的标准之一。

### 3. 发型与头形、脸形、五官的关系

**(1) 发型与头形**

人的头形大致可以分为大、小、长、尖、圆等几种形式,美发师必须根据不同的头形来设计发型,以达到美感。

1) 头形大。头形较大的人,不适合过于蓬松的发型,宜采用服帖的直发式发型。发式造型中尽量不要烫发处理,可以修剪成中长或长的直发,注重头发的轮廓修剪和层次修剪,设计柔和、顺畅、紧贴脸庞的发型。刘海儿不宜梳理得过于高耸,最好能够盖住部分前额,使头形感观具有线条感和轻盈感,让头形看起来小一些(见图4—32)。

2) 头形小。头形小的人,制作发型要蓬松一些,长发最好烫成蓬松的卷发,有卷度的烫发可以显现出热情和活力,蓬松感的发型轮廓让整体造型更具视觉张力。头发不宜留得过长,这样可使头形看起来显得大一些(见图4—33)。

3) 头形长。由于头形长,所以两侧头发造型中要吹得蓬松、饱满。头顶部的头发不宜吹得过高,应使发型横向发展,以增加头部宽度,头发不宜留得过长,以中长发为最佳(见图4—34)。

4) 头形尖。由于头形的上部窄、下部宽,设计发型时,应有适当的刘海儿盖住前额,增加头顶的厚重感。发型包围在脸形外,形成内外轮廓,使其靠近脸庞的内轮廓有缩小感,发型的外轮廓形成饱满的形状。可将两侧头发向后吹成卷曲状,使头形看起来呈椭圆形(见图4—35)。

5) 头形圆。头形圆,容易给人可爱、天真的感觉。设计发型时,顶部头发应吹得较高并露出前额,脸的两侧应削薄遮盖部分脸颊,使头有拉

图4—32 头形大的发型

第4章 发型设计与实施

长的视觉效果,给人以成熟之感(见图4—36)。

此外,头形还有平顶的、后脑扁平或凸起的等。无论什么样的头形,只要运用准确的剪吹技巧、烫发技巧,就可以改变头形的外观。因此,只要通过发型塑造能够弥补头形的不足,而形成椭圆的外部轮廓效果并达到视觉的美感,就是成功的发型。

图4—33 头形小的发型

图4—34 头形长的发型

图4—35 头形尖的发型

图4—36 头形圆的发型

（2）**发型与脸形**

脸形是发型的直观依据，非常重要。这一内容在基础部分已经详细介绍过。

（3）**发型与五官**

人的五官的标准比例是"三庭五眼"。在现实生活中，许多人的五官存在不同的缺陷，美发师在设计发型时应尽量弥补这些缺陷，使人们的目光集中在发型上，从而忽视面部的不足。

1）两眼间距过宽。眼距过宽，给人视觉分散的感觉，发型设计可采用不对称式的修剪造型，剪出刘海儿，头发一边长些，另一边短些；两侧头发吹得蓬松，让头发自然垂落在两侧，有助于减轻眼距过宽的弱点（见图4—37）。

2）两眼间距过窄。发型设计的主要目的是扬长避短，使人产生出双眼拉宽距离的错觉。设计发型时，可将头顶头发梳高，两侧头发一边向前梳理，另一边向耳后梳理，形成不对称，给人两眼间距相对加宽的视觉效果（见图4—38）。

图4—37 眼距过宽的发型

图4—38 眼距过窄的发型

3）鼻子过高。这种类型的鼻子往往较大，还有鹰钩鼻或尖鼻等。美发师应尽可能将人们的视线转移到头发上，以弥补鼻子的不足。可将头发向内卷曲并柔和地梳理在脸形周围，突出发型轮廓的效果（见图4—39）。

4）鼻子过低。这种类型的鼻子通常较小，有的鼻尖上翘。设计发型时，应将头发两侧自然向后吹起，加长鼻子到耳朵的距离，使鼻子有增高的视错感（见图4—40）。

第4章 发型设计与实施

图4—39 鼻子过高的发型

图4—40 鼻子过低的发型

5）鼻子歪。发型制作要扬长避短，针对歪鼻子的缺陷，最好的方法是将头发梳理成偏分，分散人们的注意力，注重发尾的波纹感或纹理效果，切忌梳理成对称式的发型（见图4—41）。

### 4. 发型与体形的关系

人有高、矮、胖、瘦之别，发型有长发、中长发、短发、超短发之分。从审美学的角度分析，身体长度与头部长度的比例应为7.5：1。但在现实生活中，大部分人都不是这种标准体形比例，因此选择适合自己的发型来弥补身材的不足，就能达到视觉的美感（见图4—42）。

图4—41 鼻子歪的发型

（1）高瘦型

身材瘦长的人，脸形也多是瘦长的，一般颈部细且长，容易给人细长、单薄、头部较小的感觉。要弥补这些不足，发型要求生动饱满，避免将头发梳理得紧贴头皮，给人头形过小的感觉；或将头发吹梳得过分蓬松，给人以头重脚轻的感觉。因此，高瘦身材的人比较适宜留长发、直发。应避免将头发削剪得过短、薄，更不适宜高盘于头顶上。整体发型的发长在下巴与锁骨之间较理想，发型底边线采取椭圆轮廓或平直轮廓，同时尽量使头发有一定的分量感，使发型显得丰盈。

图 4—42　发型与体形

### （2）矮小型

身材矮小的人给人一种小巧玲珑的感觉，在发型选择上要与此特点相适应。发型应以秀气、精致为主，避免粗犷、蓬松，否则会使头部与整个形体的比例失调，使人产生大头小身体的感觉。身材矮小者也不适宜留长发，因为长发会使头显得较大，破坏人体比例的协调。烫发要使发花制作得小巧、精致，使发型效果与身材比例完美结合。若盘发于头顶，也是不错的选择，会有身材增高的视觉效果。

### （3）高大型

身材高大的人给人一种力量美，但对女性来说，缺少苗条、纤细的美感，发式要尽量以大方、简洁为佳。一般身材高大者，脸形也较大，因此头发不要过于蓬松，可选择直发或者大波浪卷发，总体给人以简洁、明快、线条流畅的感观。

### （4）短胖型

短胖者给人以健康、有生气的感觉。为了扬长避短，可选择短发类发式，两鬓要服帖，发型后部边线轮廓可采用上弧形线条修剪，拉长脖颈，增强立体视觉效果。短胖者一般脖子较短，因此不适合留长发，头发应避免过于蓬松或过横向发展，应尽可能让头发向高度发展，显露脖子，以增加身体的高度感。

## 5. 发型与服装服饰的关系

不同的发型与服饰搭配产生不同的视觉效果，发型式样会影响穿着搭配的整体风格。

(1) **短发搭配服饰的技巧**

短发的女性给人以清爽、利落、干练的感觉，打理短发比较简单，在服装服饰上，简洁、明快的线条感和色彩感服装服饰是最佳的搭配原则（见图 4—43）。

(2) **长发搭配服饰的技巧**

经典的长发造型，服装服饰的搭配具有多样的选择。直线条的长发，应选择线条感较强、硬朗感的服装服饰。曲线线条的长发，即柔美的波浪长发，服装服饰应以曲线线条感的裁剪凸显女性身材的效果。长发的轮廓把人的整体加长，为了让线条更加曲线化，在服装服饰上，尽量避免在脖子周围有装饰厚重的饰品，服装的长短设计，根据身材比例优化的原则进行搭配，裤装和裙装都是不错的选择（见图 4—44）。

图 4—43　短发的服饰搭配

图 4—44　长发的服饰搭配

(3) **盘发搭配服饰的技巧**

盘发在梳理技巧和场合方面分为正式和休闲两种。在正式场合，发型要求华丽、精致，服装服饰也以晚礼服或半身裙为主。在休闲的场合，只要把长发进行简单的盘、编处理，稍做整理，并搭配曲线形的服装，突出服装服饰的层次感，就可表现女性的柔美，尽显时尚魅力（见图 4—45）。

图4—45 盘发的服饰搭配

## 技能要求

### 1. 发质检测程序

步骤1：通过头发的光泽度、油脂分泌度、顺滑度与韧性程度检测发质情况。

1）检测头发的光泽度。通过目测将干净的头发梳平梳顺。使光线从头顶射下来，形成一个皇冠似的圆晕。当圆晕越明亮时，头发光泽度越好（见图4—46）。

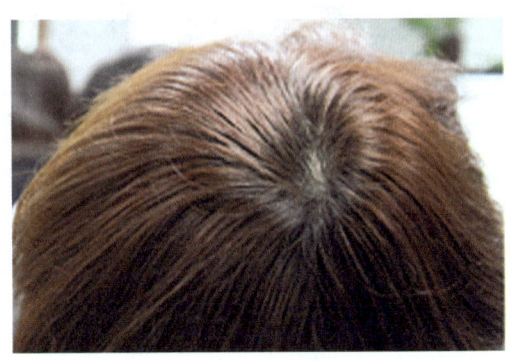

图4—46 头发的光泽度

第 4 章 发型设计与实施

2）检测头发的油脂分泌度。通过检查头发的头皮情况，就能看出油脂分泌程度。发质光亮，说明油脂分泌充足，从而容易形成头皮屑；反之缺乏油脂，呈现干枯、无光的现象（见图 4—47）。

3）检测头发的顺滑度。用梳子从上到下梳理头发。梳子梳理时是否在相同的地方被阻滞，并伴随有脱发、断发、静电的现象，可见这部位的头发就是最脆弱、最干燥、顺滑度最差的地方。当梳子顺畅、无阻地通过头发，说明头发顺滑度极好（见图 4—48）。

4）检测头发韧性程度。取一根头发，均匀用力拉扯，观察其是否很快断裂或拉扯一段距离后松开头发，头发呈现波浪状回弹现象，以检测头发的韧性程度（见图 4—49）。

图 4—47　头发的油脂分泌度

图 4—48　用梳子检验头发的顺滑度

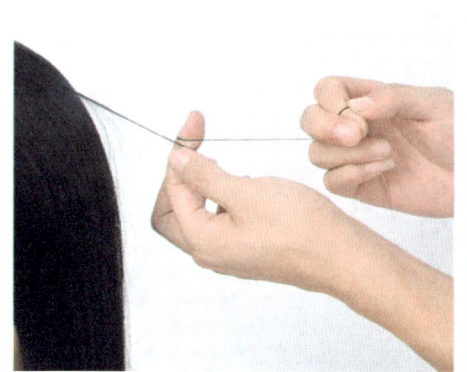

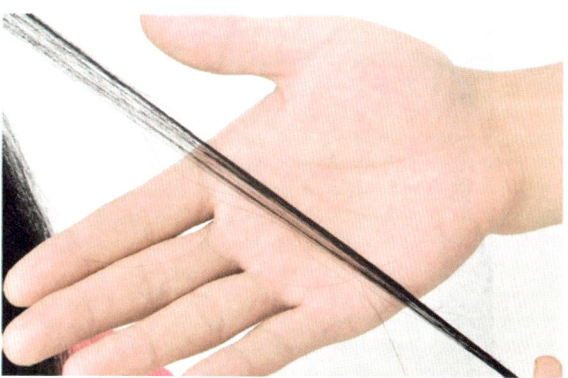

图 4—49　检测头发的韧性程度

发质检测表见表4—1。

表4—1　　　　　　　　　　发质检测表

| 特性 | 强度排列 |
|---|---|
| 光泽度 | 油性发质＞中性发质＞干性发质＞受损性发质 |
| 油脂分泌度 | 油性发质＞中性发质＞干性发质＞受损性发质 |
| 顺滑度 | 中性发质＞油性发质＞干性发质＞受损性发质 |
| 韧性程度 | 油性发质＞中性发质＞干性发质＞受损性发质 |

步骤2：通过头发的发孔分析确定发质的类型。

由于头发具有多孔性，因此头发具有吸水的性能。而不同的发质具有发孔量的多少也是不同的，油性发质发孔较少，中性发质发孔适中，干性发质发孔较多，受损性发质发孔超量，因此通过检测发孔的多少，就能确定发质类型，这也是专业美发师鉴定发质的具体实施办法。

测试方法：测试时保持头发干燥，拉起一束头发，用发梳梳理光滑，左手的食指和拇指捏住头发由发梢向发根滑动，如果手指不容易滑动或滑动时头发出现波浪皱纹，说明头发是多孔性的；如果手指容易滑动，而且没有出现皱纹，则说明头发的发孔较少（见图4—50、图4—51）。

## 2. 根据发质、发量进行日常发型设计的程序

步骤1：介绍根据发质、发量对日常发型设计的程序。

步骤2：分析设计对象的发质与发量情况。

客户发型为短发，原有发色为黑灰色，没有经过染烫处理，发质属于干性

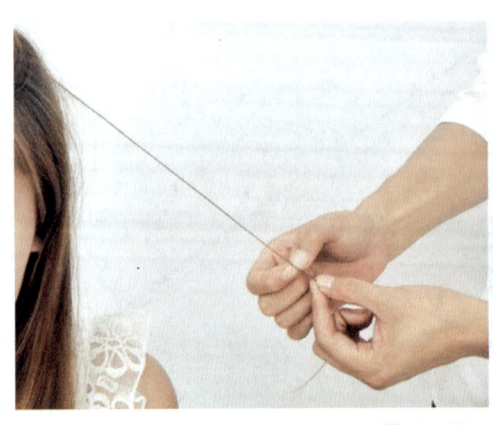
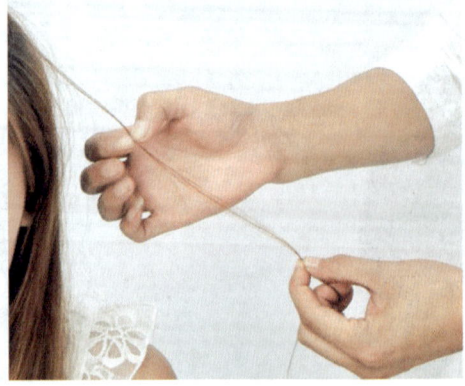

图4—50　发孔测试

第 4 章 发型设计与实施

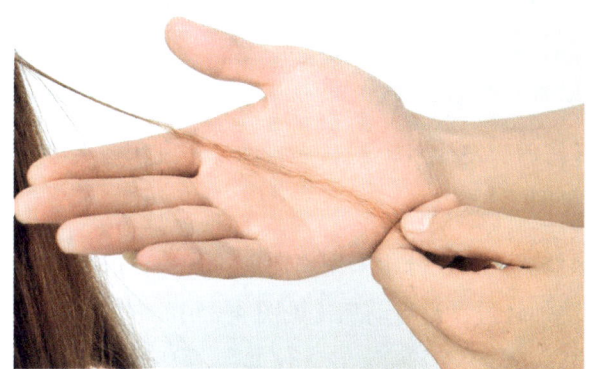

图 4—51 头发的多孔性

发质，发量较少，用五指拢起头发，几乎露出头皮，头顶饱满度不够，日常发型经常给人以软夯的感觉（见图 4—52）。

步骤 3：根据其发质、发量情况提供设计方案。

根据其发质和发量的情况，首先为客户选定酒红色的染发色彩，以增加头发的质感和光泽度，使肤色更显生气。其次在短发基础上，利用修剪技术增加层次感，发片利用间隔点剪的方法，营造出空气流通的效果，使头发容量增加，头顶更加饱满和生动。

步骤 4：开始实施设计方案。

1）分发区，将头发分成五区（见图 4—53）。

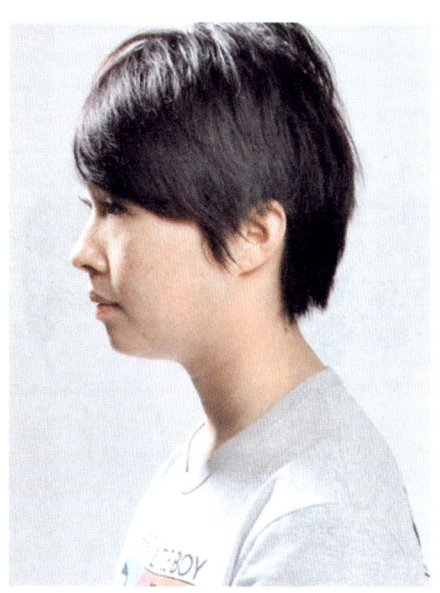

图 4—52 头发少、比较干燥的发质

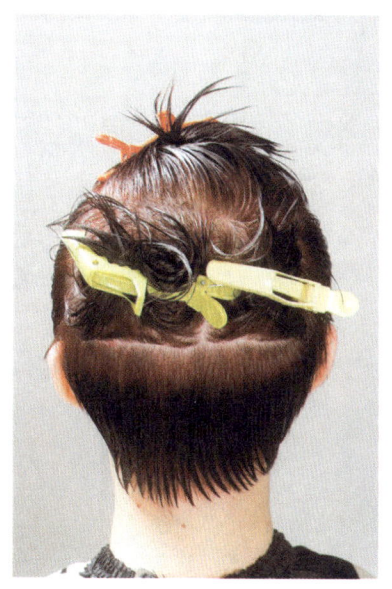

图 4—53 分发区

2）从后发区开始修剪。第一层纵向分发片进行边沿层次修剪，提拉 45°进行剪切。第二层以第一层为导趋线进行修剪，发干采用间隔点剪的方法，营造出空气流通的效果，增加发容量（见图 4—54）。

3）顶发区修剪。发片 90°提拉进行剪切，利用剪尖进行点剪的方法，使发尾更加灵动（见图 4—55）。

4）侧发区修剪。头发分份采用斜向前拉发片，进行剪切，发尾采用刻痕修剪法，使发尾更加轻盈、富有动感（见图 4—56）。

5）刘海儿区修剪。与侧发衔接，修剪层次。

6）整理造型。运用吹风工具进行徒手造型处理，整体发型突出饱满、立体的轮廓感，发丝富有纹理动感（见图 4—57）。

图 4—54　后发区采用边沿层次修剪，并用间隔点剪法增加发容量

  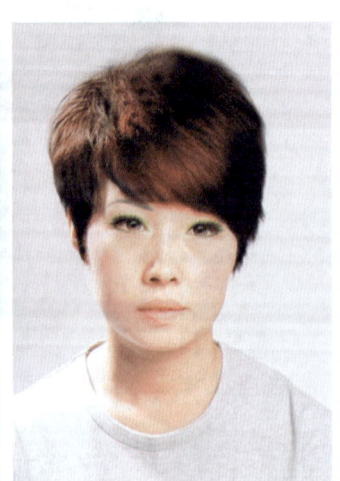

图 4—55　顶发修剪　　　图 4—56　侧发修剪　　　图 4—57　整理造型

## 3. 根据头形、脸形、五官进行日常发型设计的程序

**步骤 1**：介绍头形、脸形、五官自然形条件与发型的关系。

**步骤 2**：分析客户头形、脸形、五官的自然形条件。

客户的头形与标准头形略有不同，顶发与后发较扁平，正面头形轮廓较饱满；脸形属于较丰满的长脸形；五官中鼻子较为扁平，眉眼清秀，下颌略微突出。

**步骤 3**：制定设计方案。

根据客户的自然形条件，为客户设计短发造型，使其造型轮廓饱满，发丝富有动感，前发做紫色的漂染，增加时尚的元素（见图4—58）。

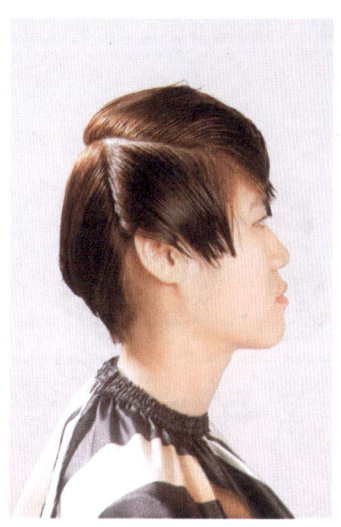

图4—58 分析客户自然形条件

**步骤 4**：根据设计方案开始实施。

1）将头发分成五区（见图4—59）。

2）从后发区开始修剪，发片提拉30°进行水平修剪（见图4—60）。发干采用间隔点剪的方法，营造出透空的效果（见图4—61）。

3）侧发区修剪，头发分份采用斜向前拉发片，进行30°提拉剪切，发尾采用刻痕修剪法，使发尾更加轻盈、富有动感（见图4—62）。

4）顶发区修剪，发片进行90°提拉剪切（见图4—63），利用剪尖进行点剪，使发尾更加灵动（见图4—64）。

5）刘海儿区修剪。与侧发衔接，修剪层次（见图4—65）。

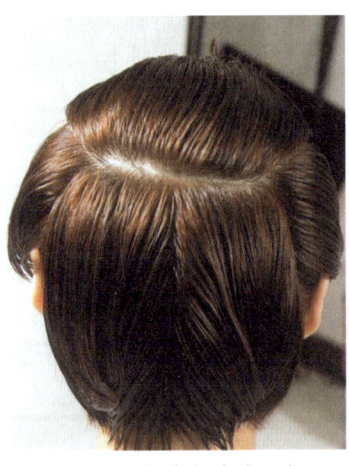
图4—59 将头发分成五个区

图4—60 从后发区开始修剪

图4—61 发干采用间隔点剪的方法

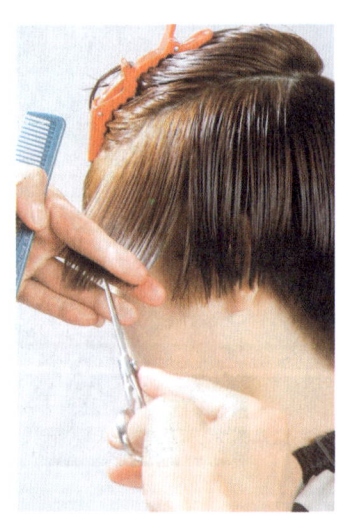
图4—62 侧发区采用刻痕修剪法

图4—63 头顶采取提拉剪切的方法

图4—64 剪尖进行点剪的方法

第4章 发型设计与实施

步骤5：整理造型。采用徒手吹风造型的方法处理发丝的纹理效果，使其更具动感（见图4—66）。

图4—65 刘海儿修剪

图4—66 审视定型

### 4．根据体形进行日常发型设计的程序

步骤1：介绍体形与发型的关系。

步骤2：分析客户的体形。

客户是一位身材匀称、体形苗条、长发披肩、很有气质的女性。原有发型较长，发量显得厚重，修剪技术缺少层次感，发尾集中在客户胸前，显得过于臃肿，中分分发使脸庞看起来更圆润。匀称的体形配合厚重的发式给人极不协调的视觉感受，发型是否协调、完美，一定要考虑体形因素，才是最佳的搭配（见图4—67）。

步骤3：根据其体形条件提供设计方案。

根据上述情况，首先把发式通过修剪技术剪短、打薄，制造层次感，偏分刘海儿；其次通过吹风造型使发尾内扣于脸庞，使发型饱满，注重发丝的流向和动感。

图4—67 厚重的发式与身材不相称

**步骤4：设计方案的实施。**

1）将头发分成五区（见图4—68）。

2）从后发区开始修剪，V型分份，发片提拉45°，进行V线修剪（见图4—69）。发干采用间隔点剪的方法，打薄发片的厚度，增加通透感（见图4—70）。

3）侧发区修剪，头发水平分份，斜向前进行45°提拉剪切，发尾采用刻痕修剪法，使发尾更加轻盈、富有动感（见图4—71）。

图4—68 分发区

图4—69 V型修剪

图4—70 打薄发片，增加通透感

第4章 发型设计与实施

4）顶发区修剪,发片90°提拉进行剪切,利用剪尖进行锯齿形修剪的方法,使发尾更加灵动(见图4—72)。

5）刘海儿区修剪,与侧发衔接。

步骤5:整理造型,通过吹风造型,使发型饱满,有张力,充分展现发型与体形的完美搭配(见图4—73)。

## 5. 根据服装进行日常发型设计的程序

步骤1:介绍服饰与发型的关系。

图4—71 侧发区采用刻痕修剪法

图4—72 头顶用剪尖进行锯齿形修剪的方法

图4—73 发型饱满,有张力,与体形完美结合

**步骤2：分析客户的着装。**

客户的穿着时尚、活泼，富有朝气，服装中豹纹图案具有流行、前卫感，但客户的头发很长，扎马尾造型略显呆板，在视觉上没有跳跃（见图4—74）。

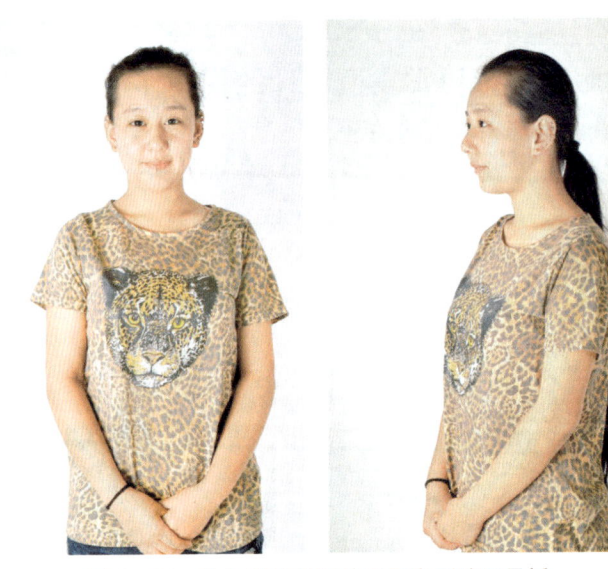

图4—74　豹纹服装搭配的马尾发型略显呆板

**步骤3：根据设计对象着装风格提供发型方案。**

根据客户现有条件，为她设计一款具有浪漫风情的波浪卷发，搭配时尚的豹纹T恤，更加增添个性与魅力。

**步骤4：实施着装风格的发型设计方案。**

1）将头发分四区（见图4—75）。

2）从后发区开始卷发。以中分线为准，左右后发分别向内夹卷。先从右至左纵向分发片，用陶瓷卷发棒进行卷发（见图4—76），发片自然缠绕，加热30～60秒即可卷出漂亮的卷发（见图4—77）。左侧操作手法相同（见图4—78）。完成后发区第一层的效果如图4—79所示。

3）头发依次逐层卷发至头顶（见图4—80）。

4）侧发区卷发（见图4—81）。

**步骤5：** 整理造型（见图4—82），发型与服装浑然一体，和谐统一。验证设计方案。

第 4 章　发型设计与实施

图 4—75　分四区

图 4—76　从右至左纵向分发片用陶瓷卷发棒进行卷发

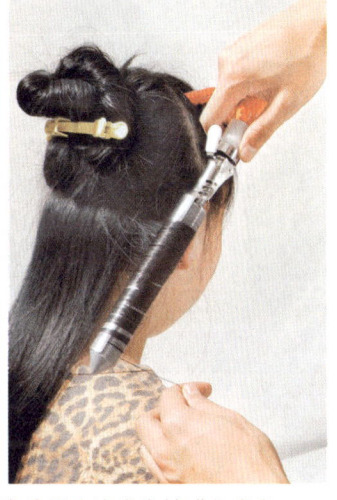

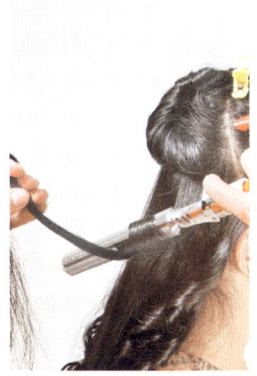
图 4—77　30～60 秒的效果

图 4—78　左侧操作方法相同

图 4—79　完成后发区第一层的效果

图 4—80　操作手法依次至头顶

图 4—81　侧发区卷发

图 4—82　最后的造型

# 第 2 节 实施

## 学习单元 1 吹风造型

**学习目标**

1. 了解头发的基本线条及层次结构。
2. 熟悉吹风造型的操作程序。
3. 掌握吹风造型的梳理技法。

**知识要求**

### 1. 头发基本线条及层次结构

（1）基本线条

头发的基本线条是指发型周边的轮廓线。用线条来体现，可看出发型的基本形态与发型线条的设定密切相关。发型的基本线条分为水平线条、斜线线条、弧线线条。

1)水平线条。水平线条发型的整体外观形状为直线效果。修剪时,需要分出直线水平发片。手指、分层线以及剪切线都是水平形状的状态(见图4—83)。

2)斜线线条。发型的整体外观形状为斜线形效果,又可分为"A线"斜线条和"V线"斜线条。

"A线"斜线条:线条是指以后颈正中为中心点,手指倾斜夹住发片,使之剪切成两侧长、中间短的"A线"形状。发型外观呈现前长后短的效果(见图4—84)。

"V线"斜线条:"V线"与"A线"的效果相反。发型外观呈现前短后长的效果(见图4—85)。

图4—83 水平线条

图4—84 "A线"斜线条

图4—85 "V线"斜线条

3)弧线线条

上弧线线条:用于局部线条设计,剪切线较为柔和,呈现凹状弧形(见图4—86)。

下弧线线条:用于局部线条设计。剪后呈现凸状弧形(见图4—87)。

修剪发型时,线条可以是单一的,也可以是多种线条组合而成的混合形线条。

**(2)发型的层次结构**

发型是依靠各种方向的层次,以及不同层次组合而成的。发型的层次结构有四种表现形式:固体型层次、边沿层次、渐增层次、均等层次。

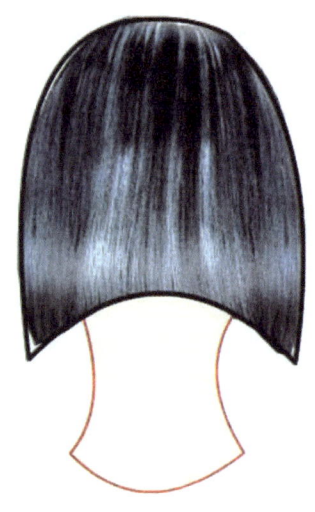

图4—86 上弧线线条　　　　图4—87 下弧线线条

1）固体型层次。固体型层次又称单一层次,是发型修剪中一种最基本的技法。固体型层次是发束的提升角度为0°,即发尾没有形成层次,剪后头发呈现表面平滑,发尾集中了全部头发的重量,外观缺乏动感。固体型层次是一种以表现头发的表面美态为宗旨的,具有明显周边发型线的发型设计。水平线条、斜线线条和弧线线条可以分别运用于固体型层次,从而产生不同的视觉效果(见图4—88)。

2）边沿层次。边沿层次又叫低层次,是制造发型容量感的一种技法。从外观上看,边沿层次显示出小范围的层次截面,且层次形成于发式的底部或周边轮廓上。边沿层次剪切技法适宜于体现发型的立体效果。层次截面越小,越能显示其容量;层次截面加大,容量感相对减弱(见图4—89)。

3）渐增层次。渐增层次又称高层次,是指剪切后的头发,其层次截面伸展

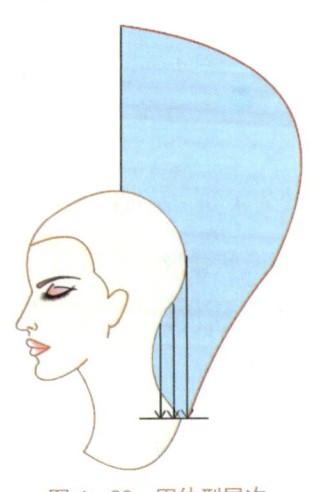
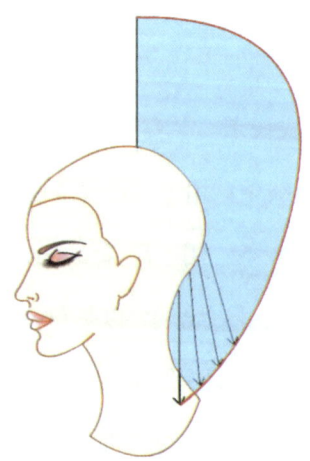

图4—88 固体型层次　　　　图4—89 边沿层次

范围很高,显示出大范围的头发重叠面。剪后其顶部短,底部长,能最大限度保留头发的长度,与边沿层次效果相反。渐增层次可调整发量和制造动感,造型后具有轻盈、活泼的视觉效果(见图4—90)。

4)均等层次。均等层次是全部头发随头型曲线修剪,并使头发自上而下长度相等、层次均匀分布的修剪层次类型。它可用于中长和短发的发型设计,与其他层次有较强的合作性(见图4—91)。

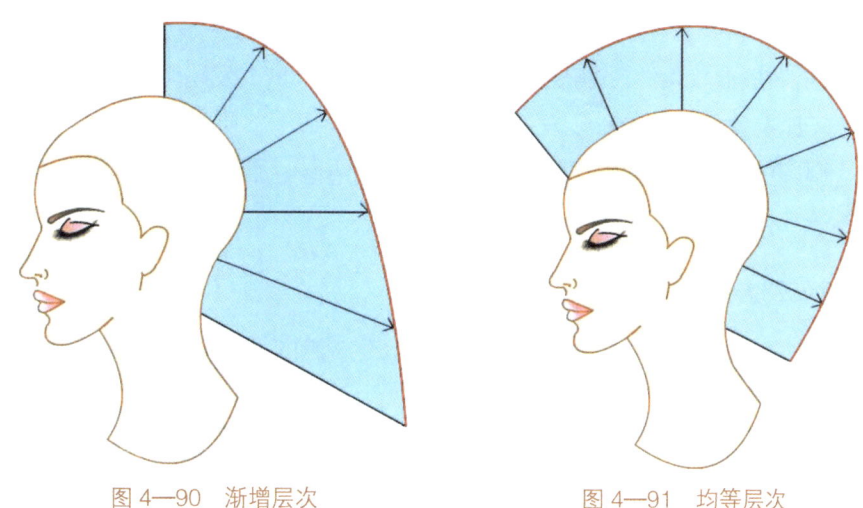

图4—90  渐增层次　　　　　　　图4—91  均等层次

### 2. 吹风造型梳理技法

吹风造型与梳理是结合起来同时进行的,因此吹风离不开发梳、发刷和手的配合。操作时,一只手控制吹风机,另一只手控制发根的方向。传统吹风造型借助梳子、发刷与吹风的处理,而现代发型潮流趋势变化多样,发型风格更加随意、自然,人们更多追求不规则的发丝卷度,体现发型的自然动感和个人的魅力。

**(1)拉吹梳理**

拉吹梳理是最常用的手法之一。用排骨梳配合吹风,拉住发根吹至发尾,使发根站立,发干直顺,发尾富有动感。运用排骨梳还可以进行压、推、翻、挑等手法。

**(2)翻吹梳理**

通常为使头发具有卷曲的效果,滚刷与吹风配合,以制造不同的发型纹理效果。

**(3)徒手梳理**

一般多用于短发造型,借助吹风的风力使头发产生自然流向,使发型富有纹理和动感,最后用手指和各种修饰发品,如发泥、发蜡进行揉、搓、抓、捏,进行发型细化调整。

### 技能要求

## 吹风造型操作程序

**步骤1：准备工具并观察设计对象的自然条件。**

1）准备工具。吹风机、滚梳、排骨梳、围布、夹子、喷壶、发胶（见图4—92）。

2）分析对象自然条件。客户是一位圆脸形、性格外向、发尾轻微受损、发量适中的时尚女性。原有发式层次较小，发重集中在客户的脸周围，使脸庞看起来更加圆润，通过吹风造型调整发尾的流动方向，配合脸形使整体造型更加青春、靓丽（见图4—93）。

**步骤2：吹风造型实施方案。**

1）首先把头发吹至八分干（见图4—94）。

2）吹侧发，用滚刷配合吹风吹发根、发干，利用滚吹的方法使发根、发尾蓬松、卷曲（见图4—95）。

图4—92 吹风造型工具

图4—93 客户圆脸形，发重集中在脸部周围

图4—94 吹至八分干

图4—95 用滚吹的方法使发尾蓬松、卷曲

3)吹后发,纵向分发片,吹风口与发刷成25°角,使发干富有光泽和弹性(见图4—96)。

4)吹刘海儿,使发根蓬松,制作发尾内扣弧度(见图4—97)。

**步骤3**:整理造型,梳理轮廓(见图4—98)。

图4—96 吹后发

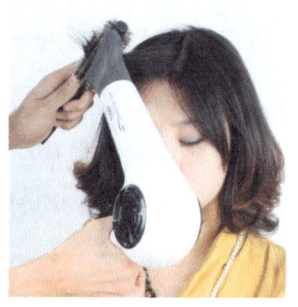
图4—97 吹刘海儿

图4—98 整理造型

# 学习单元2
# 盘发造型

### 学习目标

1. 了解盘发的分类与特点及表现形式。
2. 熟悉盘发的操作技法。
3. 掌握盘发的操作程序。

### 知识要求

## 1. 盘发的分类及特点

根据不同的场合,盘发大致分为四类:生活盘发、晚宴盘发、新娘盘发和表演盘发。

### (1)生活盘发

生活盘发的特点为:容易梳理、简单、实用、耐久。由于其简单并容易梳理,一般多采用各种辫子盘绕成发髻及简单的拧、包等的梳理技巧。生活盘发造型必须符合简单、大方、自然、漂亮与流行的原则,注重点、线、面的组合,减少繁杂的设计,显示女性高雅的风韵(见图4—99)。

（2）晚宴盘发

晚宴盘发的特点为：体现现代与古典的美感，突出高贵与华丽。由于晚宴盘发多用于晚间，因而发式应配以晶莹闪烁、流光溢彩的珠宝等金属饰物，配以不同风格的晚礼服，以烘托女性的雍容与华贵。发型强调发片的流向，注重盘发梳理的技巧（见图4—100）。

（3）新娘盘发

新娘盘发的特点为：体现新娘纯洁、秀美和新婚的喜庆。线条要求明快，突出自然、清秀、别致的味道。发型多以波纹、卷筒、盘包等技法，来表现新娘纯洁、靓丽的甜美感觉（见图4—101）。

图4—99　生活盘发

图4—100　晚宴盘发

图4—101　新娘盘发

### （4）表演盘发

表演盘发的特点为：发型新颖、夸张，充分体现形象设计师的奇思妙想。在设计上适用象征性手法，进行夸张处理。设计重点多在前发区和顶发区，具有线条粗犷、立体感强、造型鲜明的特征，突出发型的艺术感染力。表演盘发常用于比赛、流行时尚发型发布会、时装表演等（见图4—102）。

图4—102　表演盘发

## 2. 盘发的表现形式

盘发在造型上可以演绎出不同的个性、气质。盘发造型主要有发辫和发髻两种表现形式，在操作中可以单独采用其中一种形式进行造型，也可以综合运用两种形式造型，以达到独特的造型效果。

（1）发辫的种类和编结方法很多，有两股辫、三股辫（正、反三股辫）、四股辫、方辫、圆辫、五股辫、鱼尾辫、九股辫（见图4—103）。

图4—103　发辫

（2）发髻一般分为扎髻、包髻和扎、包混合髻。

1）扎髻。扎髻是指用皮筋或者发绳将所有头发或部分头发扎在某一部位或者多个位置上，然后在扎好的头发上进行造型的方法。按照扎髻的部位一般可以分为高髻、中髻、低髻（见图4—104）。

高髻：位于头顶部，与下颏呈约45°斜线，能够体现女性的挺拔与秀丽。

中髻：位于头顶部与枕骨之间，能够体现女性成熟与稳重，也可以弥补后枕骨扁平的不足。

低髻：位于枕骨的下方，能够体现女性的沉稳干练。

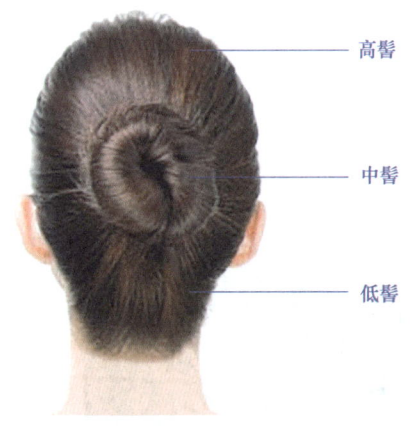

图4—104 发髻

2）包髻。包髻是将头发内侧进行倒梳处理，使之蓬松，喷上发胶，用发梳由前向后梳理光滑通顺，以尖尾梳的梳尾为轴心向一侧加以扭转，用发夹固定。这种发型给人高贵、典雅的感觉（见图4—105）。

3）扎、包混合髻。在发型设计中，经常将扎髻和包髻巧妙地结合在一起使用，才能取得形态各异、美不胜收的造型效果（见图4—106）。

图4—105 包髻

图4—106 扎、包混合髻

## 3. 盘发操作技法

盘发是我国传统美发方式之一。在设计技巧、创作理念及操作工艺上与修剪等技术有较大差别。美发师通过利用盘、包、拧、扭、打结、做卷等技法，将头发巧妙地结合起来，组成各种不同款式的发型，最大限度体现女性美丽、高贵、典雅的特点。盘发造型多种多样，可根据场合不同，选定盘发的式样。

### 盘发操作程序

步骤1：观察设计对象的自然条件并进行设计构思。

客户是一位椭圆形脸、眉目清秀、体型匀称、性格温和的靓丽女孩子（见图4—107）。其发量适中，头发较长，有层次感。通过盘发造型设计，搭配服装使整体造型符合参加晚宴、聚会等装扮，如果场合需要更加隆重，则搭配头饰和发饰，使发型得以烘托，显得更别致。

图4—107　客户自然条件

步骤2：准备工具及用品。

尖尾梳、包发梳、发夹、U形针、卷发棒、发胶、橡皮筋、恤发筒（见图4—108）。

步骤3：为设计对象进行盘发造型。

（1）将头发分为四个区域，顶发区、左右两侧发区、枕骨发区（见图4—109）。

图4—108　盘发工具

图4—109　分四区

（2）顶发区头发进行倒梳，达到增加发量、头发蓬松的目的（见图4—110）。

（3）左右侧发区与顶发共同进行包发，梳光头发的外表面（见图4—111），喷发胶固定发丝流向（见图4—112），并用发卡进行固定，使头发富有光泽和饱满度（见图4—113）。

（4）枕骨区头发进行盘卷，从左侧分出一束发束（见图4—114），梳光表面做盘卷造型（见图4—115），发尾做发环造型，并用发卡固定（见图4—116）。

图4—110　顶发区倒梳

图4—111　顶发包发

第4章　发型设计与实施

图4—112　喷发胶

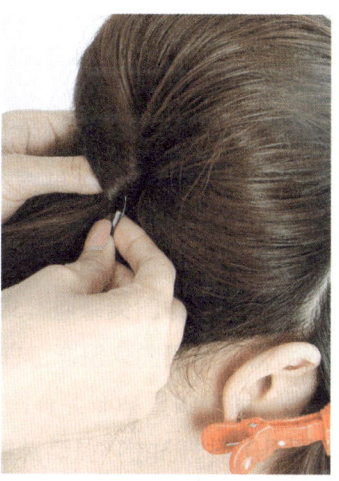
图4—113　用发卡固定

图4—114　从左侧分出一束头发

图4—115　将左侧发束梳光做盘卷造型

图4—116　发尾做发环造型并固定

（5）后发区头发依次盘卷，发卷排列进行交错（见图4—117），余下发尾做环状造型，使盘发更有层次和动感（见图4—118）。

（6）刘海儿区造型（见图4—119），梳光头发的表面，发尾向内做卷筒，与两侧轮廓协调造型（见图4—120）。

（7）审视造型，梳理轮廓，根据需求佩戴头饰与发饰（见图4—121、图4—122）。

图4—117　发卷交错排列

图4—118　发尾摆放有层次和动感

图4—119　刘海儿造型

图4—120　两侧轮廓协调

第4章 发型设计与实施

图 4—121 佩戴头饰与发饰　　　　　图 4—122 完成造型

# 学习单元 3
# 接发

**学习目标**

1. 了解接发的原理。
2. 熟悉接发的技法。
3. 掌握接发操作程序。

**知识要求**

## 1. 接发的原理

　　接发是近几年由欧洲引进的发型技术。其方法是把加工过的真发或假发"嫁接"到自己的头发上，瞬间达到从短发到长发的转变。接发技术可以满足把短发变长、变厚、不需染发就可达到挑染的效果。接发效果非常真实、自然，使用方便，同时还可以做染、烫及营养护理，易于洗护。因此，很受时尚女性的喜爱，接发技术广为使用。

## 2. 接发的技法

接发技术应由专业的发型师来完成，接发的发质分为真发与纤维丝两种，可根据喜好进行选择。目前流行的接发方法主要有三种：黏合接发、扣子接发和编结接发。

### （1）黏合接发

黏合接发是先将头发分成小束，接发使用的头发根部有粘胶，将接发与真发搭在一起，用加热棒迅速将接发与真发的发根处加热，黏合剂会迅速凝固，这样一缕长发就接好了。如果将来不需要时，要让美发师加热把胶溶化，或者用特殊的洗水抹在连接处，将头发一束束取下。

### （2）扣子接发

扣子接发是把头发分成小束，用特制的扣子将要接的长发固定连接在真发的发根上，头顶的头发会自然垂落盖住扣子。这样接发的好处在于以后不要时，可以更方便地取下扣子和长发。

### （3）编结接发

编结接发是将头发分成小束，挑少许并进行接发编织。编结方法主要以三股辫或四股辫的编织手法操作，最后用编结绳捆绑固定。

三种方式各有所长，其中黏合接发和扣子接发拆卸时，头发容易受到损伤，逐渐不被采用。接发技术中编结技术较新，其操作方便，对头发损伤性小，也更加自然，因此专业技法普遍采用。接发效果能保持3～6个月。

### 接发操作程序

**步骤1：观察设计对象的自然条件进行发型设计。**

设计对象是一位脸形饱满、身材较高、性格开朗的女孩子。现有发量较少，层次感不足，头发较短，与身高明显不搭配。通过接发技术，使发量增多，长度拉长，发尾更具层次感和动感。通过发型的设计，使设计对象脸形变得更柔美、身材更修长，整体造型变得更靓丽动人（见图4—123）。

**步骤2：准备工具及用品。**

接发条、接发绳、鸭嘴夹、尖尾梳、喷壶（见图4—124）。

第4章 发型设计与实施

图4—123 脸形饱满，发量少

图4—124 接发工具

**步骤3：接发程序。**

1）分发区。在头部底发际线至枕骨处，进行水平分区，分出2～3层发片（见图4—125）。

2）接发操作。根据设计好的发型轮廓，从一侧开始，将头发分成小束挑少许进行编织。编织方法主要以三股辫或四股辫的编织手法操作，其余2～3层依次编织即可（见图4—126至图4—128）。

**步骤4：修剪。**

全部的头发接完后根据发型进行修剪，把原有真发与接发进行层次衔接，修剪轮廓，使发型更加自然、贴切和流畅（见图4—129）。

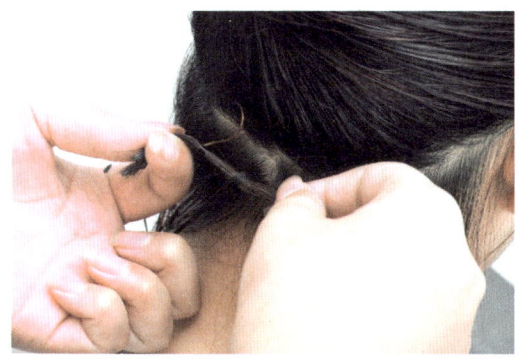

图4—125 分发区

图4—126 挑小束头发进行编织

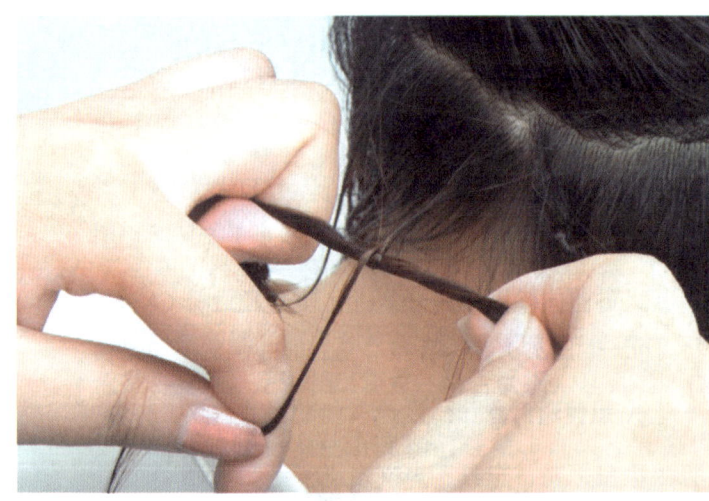

图 4—127　进行编织

图 4—128　编结成功

图 4—129　整体发式修剪

### 第 4 章　发型设计与实施

**步骤 5：造型。**

根据模特的气质，选择合适的整体形象设计，根据造型要求，美发师用电发棒进行卷发造型（见图 4—130），使头发卷曲，发尾变得生动，发型变得更富有动感和浪漫气息（见图 4—131）。

接发后可以随意进行烫发、染发和营养护理。

图 4—130　变化造型

图 4—131　动感、浪漫整体造型

**【注意事项】**

接发后，可选择酸性洗发水和护发素，洗发时不要用力抓揉接发根部，梳理时用力不要过大，否则会导致原有头发的损伤和脱落，同时接发还需定期护理。